Alexandra Datko

Die klassische Reitkunst im Fellsattel

Verlag Piaff

Die Deutsche Bibliothek verzeichnet diese Publikation in der Deutschen Nationalbibliographie;
detaillierte Daten sind im Internet über http://dnb.ddb.de abrufbar

1 Auflage 2011

Text: Alexandra Datko / www.piaff.de
Zeichnungen: Alexandra Datko
Bildnachweis: Josef Datko, Alexandra Datko, Petra Höke S. 71, Alexandra Weyers S. 82 / S. 86,
Silke Feldkamp S. 155 / S. 160, Sandra Heimbuch S. 169 / S. 182
Satz und Gestaltung: Susanne Rode
Lektorat: Nicolette Bohn
Herausgeber: Josef Datko / www.piaff-verlag.de
Druck: Grafisches Centrum Cuno GmbH & Co. KG, Calbe
Printed in Germany 2011
ISBN 978-3-943299-00-7

Eine Haftung der Autorin oder des Verlages für Personen-, Sach- oder Vermögensschäden ist ausgeschlossen.
Die Anwendung der beschriebenen Methoden liegt in eigener Verantwortung.

Vorwort

Ich hätte es mir nicht träumen lassen, einmal ein Buch über den so genannten Fellsattel zu schreiben. Der Fellsattel war zunächst ein „Lückenbüßer", der sich als wertvolle Ergänzung - und in einigen Fällen - auch als Alternative zu einem Sattel mit Baum heraus kristallisieren sollte.

Ich bin mir sicher, Sie als Reiter oder Besitzer eines Pferdes kennen das Problem aus eigener Erfahrung. Der Sattel passt nicht, oder er passt nicht mehr, das Auf- und Abpolstern durch einen Sattler führt nicht immer zu dem versprochenen Erfolg. Für einen neuen Sattel ist nicht immer das nötige Kleingeld übrig und einen günstigen gebrauchten Sattel suchen Sie schon seit Wochen vergebens.
Im Laufe der Jahre darf man sich an fast alles gewöhnen, aber nicht an unpassende Sättel auf dem Rücken eines Pferdes. So bin ich schon früh dazu übergegangen, Pferde ohne Sattel zu reiten, wenn sich nichts Passendes fand. Gerade in der Anreitphase und bei einigen Korrekturpferden hat sich dieses Vorgehen bewährt.
Ich würde Ihnen zustimmen - es ist nicht in allen Situationen angenehm, ein Pferd ohne Sattel zu reiten. Der Halt ist nicht optimal. Ehe man sich versieht, findet man sich neben dem Pferd auf dem Boden wieder. Darüber hinaus sind manche Pferde, die ohne Sattel geritten werden, sehr unbequem. Denken wir da an ein dünnes Pferd mit ausgeprägtem Widerrist - keine wirkliche Freude für Ihr Reiterglück.

Als ich den Fellsattel das erste Mal sah, war ich leicht irritiert - und ein Schmunzeln konnte ich mir nicht verkneifen. Er glich weder einem Sattel mit Baum noch konnte ich mir vorstellen, dass dieser Sattel mir ein gutes und sicheres Gefühl beim Reiten geben wird. Er glich einer Satteldecke mit Fell, lediglich die Möglichkeit Steigbügel zu verwenden ließen vermuten, dass der Fellsattel als Reitsattel zu verwenden sei. Wenn ich meine Schülerin nicht so gut kennen würde, hätte ich vermutet, sie nimmt mich auf den Arm.
Nur war diese Begegnung kein schlechter Scherz meiner Schülerin: ich sollte ihr Pferd damit reiten, und das meinte sie ernst. Ihre Stute hatte eine sehr lange krankheitsbedingte Pause hinter sich, und sollte nun wieder antrainiert werden. Der alte Sattel passte selbstverständlich nicht mehr richtig...

Meine Schülerin reichte mir freudestrahlend den Fellsattel entgegen – nun, ich hatte folgende Möglichkeit: Entweder ohne Sattel in den bevorstehenden Winter zu gehen, mit einem Pferd, das so langsam auch „lustig“ wurde, oder es mit dem Fellsattel zu probieren.

Ich entschied mich, es wenigstens zu versuchen mit diesem Sattel zu reiten und eine wirkliche Wahl hatte ich ja ohnehin nicht.
Mein erstes Sitzgefühl war etwas durchwachsen und ich entschied für mich im Stillen,

solange der Sattel noch nicht passte, würde ich mich wohl damit abfinden müssen bzw. innerlich arrangieren müssen.
Ich gewöhnte mich schnell an den Fellsattel. Ohne es zu merken war ich im Lammfell zu Hause, auch die Stute entwickelte sich zu einem prächtigen Reitpferd.
Eine detaillierte Dokumentation der Entwicklung der Trakehner Stute finden Sie ab den Seiten 64 unter der Überschrift: Das Pionierpferd.

Meine anfänglichen Berührungsängste mit dem Sattel aus Fell waren verflogen. Und so konnte ich guten Gewissens meinen verzweifelten Schülern eine Alternative anbieten. Bei dem einen war es eine Übergangslösung, bei den anderen war es eine bewusste Entscheidung für den Fellsattel, der entweder als dauerhafte Lösung - oder als eine Trainingsabwechslung – dienen sollte.
Nicht alle meine Schüler sind komplett umgestiegen, aber einige.

Dieses Buch möchte Sie nicht bekehren - und es geht auch nicht darum, den herkömmlichen Ledersattel zu verteufeln. Ich sehe den Fellsattel als Alternative zum Ledersattel. Oder einfach, um mal ein anderes Bewegungsgefühl auf dem Pferderücken zu erleben. Bevor ich Ihnen meine und die persönlichen Erfahrungen meiner Schüler vorstellen werde, soll zunächst ein Blick in die Historie, ein kleiner Ausflug in die „Natur" des Pferdes, gegeben werden. Im Anschluß werde ich Ihnen die praktischen Beispiele meiner Arbeit mit dem Fellsattel vermitteln.

Kleiner Geschichts-ausflug

Das Pferd wurde nicht mit einem Sattel auf seinem Rücken geboren. So selbstverständlich unsere Vorstellung eines Reitpferdes mit einem Ledersattel auch erscheint, war es ein langer Entwicklungsweg, bis der heute gängige Sattel seine Anerkennung fand. Im folgenden möchte ich Ihnen zu diesem Thema einen kurzen geschichtlichen Überblick geben.

Stiche: Georg Engelhard Löhneysen,
„Della Cavalleria“, Olms 1977

Die Geschichte des Reitsattels

Als der Mensch sich zum ersten Mal auf den Rücken eines Pferdes schwang, besaß er keinen Sattel. Für uns mag dies eine befremdliche Vorstellung sein, dass ein Pferd auch ohne Sattel zu reiten ist. Für unsere Vorfahren hingegen war dies Jahrhunderte lang selbstverständlich, sich auf den blanken Pferderücken zu schwingen. Ein Sattel war schlicht weg noch nicht erfunden und bis sich der Reiter der Bequemlichkeit eines Sattels bediente, sollten noch einige Jahrhunderte vergehen.

Selbst zu Zeiten des griechischen Philosophen und Heerführers Xenophon, 430 v. Chr., kannte man noch keinen Sattel. Man saß entweder direkt auf dem Pferderücken oder auf einer Fellunterlage. Um auf das Pferd zu gelangen, verfügte der Reiter über unterschiedliche Möglichkeiten. An den Wegesrändern befanden sich Steigsteine, der Krieger konnte aber auch über seine Lanze aufs Pferd steigen, denn diese hatte Stege zum Aufsteigen. Die bequemste Variante war wohl der Knecht, der seinem Herrn den Steigbügel durch seine zusammengefalteten Hände darbot, oder ein Pferd, das sich niederkniete.

Die ersten sattelähnlichen Auflagen auf dem Pferderücken waren Felle oder Decken, die im Laufe der Zeit durch einen Gurt Halt fanden.

Sättel, die über einen festen Baum verfügten, dienten zunächst nicht dem Reiten, es waren schlichtweg Packsättel. So konnte man seinen Proviant und das nötige Gepäck transportieren, gerade in unwegsamem Gelände, das mit dem Wagen nicht zu befahren gewesen wäre.

Aus diesen Packsätteln entwickelte sich der erste Reitsattel auf einem Holzbaum. Steigbügel waren noch unbekannt. Historiker vermuten, dass der Steigbügel in Asien ab dem 3. Jahrhundert beliebt war, und von dort durch die Reitervölker der eurasischen Steppe, etwa im 8. Jahrhundert, seine Verwendung auch in Europa fand. Dies genau zu datieren ist sehr schwer, da die ersten Steigbügel wohl aus Lederschlaufen bzw. Tauen bestanden - naturgemäß lassen sich diese Materialien nicht mehr aufspüren, im Gegensatz zu Überlieferungen aus Metall. Mit der Erfindung des Steigbügels änderte sich auch die Kriegsführung maßgebend.
Die Überlegenheit der Reitervölker durch den Steigbügel ermöglichte das sogenannte „Parthische Manöver". Dem Reiter war es möglich, sich in den Steigbügel zu stellen und sich dabei so zu drehen, dass er rücklings seinen Bogen zu bedienen wusste. Die Reitervölker mussten über ein außerordentliches Maß an reiterlichen Fähigkeiten und Körperbeherrschung verfügt haben, um das Pferd - unabhängig von den Händen - nur durch den Schenkeldruck zu dirigieren. Denn die Hände brauchte der Krieger, wie beschrieben, zum Bogenschießen.

Mit Einzug des Mittelalters (500-1500) änderte sich dann auch die Kriegsführung aus dem Sattel. Die damals leichte Reiterei der asiatischen Völker hatte den schweren Rüstungen der Europäer im Nahkampf nichts mehr entgegen zu setzen. Sie erlagen schlicht und ergreifend der „Wucht" der gepanzerten Pferde und deren Reiter.
Die Antriebsfeder jener Reitweise bildete auch hier wieder der reine Überlebensdrang des Menschen, der in seinen Kriegsschlachten deutlich wurde.
Zur Reitkunst konnte sich dieser Überlebenswunsch nicht erheben; was entstand, war die so genannte „Panzerreiterei". Diese legte keinen Wert auf wendige Pferde, die darüber hinaus noch auf feine Hilfen reagierten.
Der Ritter der damaligen Zeit benötigte ein schweres, dem Kaltblüter ähnelndes Pferd. Dieses Streitross musste eine Last von ca. 400 Pfund tragen. So viel wog ein Ritter in seiner Rüstung. Schon aufgrund seiner schweren Rüstung war der Ritter nicht in der Lage, mit feinen Hilfen zu agieren. Er war ja fast bewegungsunfähig. Ein scharfes Gebiss im Pferdemaul und überdimensionierte Sporen an den Füßen des Ritters sorgten für den nötigen Gehorsam.

Das Pferd musste nur geradeaus galoppieren können und durfte - beispielsweise bei einem Lanzenhieb des Feindes – keinesfalls ausweichen. Abgesehen vom Schlachtfeld, fand die Panzerreiterei in der Hauptsache zu festlichen Anlässen und in kriegsarmen Zeiten statt, und diente in erster Linie der Belustigung des Volkes. Die so genannten Ritterturniere waren allerdings nicht nur als Spiele zu verstehen. Denn dieses „Spiel" endete für die Verlierer nicht selten tödlich.
Das Mittelalter überdauerte einige Jahrhunderte, bis die Panzerreiterei durch die Entwicklung der Schusswaffen ihr Ende fand. Dieser Zeitpunkt gab die Wende und machte es wieder notwendig, feinfühlige, schnelle und wendige Pferde auszubilden. Der Reiter benötigte einen Sattel, der es ihm zuließ mit feineren reiterlichen Hilfen arbeiten zu können. Bis der uns heute vertraute Sattel entstand sollte noch eine geraume Zeit vergehen.

Sitz des Reiters im Wandel der Epochen

Der nun zu verwendende Sattel ähnelte noch sehr dem Sattel aus dem Mittelalter und ließ noch keinen „Dreipunkte - Sitz" zu. Der Reiter seiner Zeit saß im Spaltsitz mit weg gestreckten Unterschenkeln. Erst durch den Reitmeister Francois Robichon de la Guerinière (ca. 1688-1751) änderte sich der Sitz des Reiters maßgebend. Guerinière erreichte das, was vor ihm Pinter von der Aue (1664) nicht schaffte: er veränderte den Sattel und führte den Balance-Sitz ein, basierend auf drei Punkten: den Spalt und die beiden Gesäßpunkte. Dieser Sitz hat seine Gültigkeit noch heute.

Zeichnung Flies vom Parthenon in Athen

Grisone, „Künstlicher Bericht und erzierlichste Beschreybung“, Olms 1972, S. 117

Pluvinel, „Neu-auffgerichte Reut-Kunst“, Olms 2000, Figur 21

Guerinière, „Reitkunst", Olms 1999, S. 212

Xenophon (430 – 354 v. Chr.) zum Sitz:

„Nun ist er aufgesessen, entweder auf dem bloßen Pferderücken oder auf einer Decke. Aber einen Sitz wie auf einem Sessel also mit hochgezogenen Knien kann ich durchaus nicht loben. Richtig sitzt der Reiter, wenn er mit beiden Schenkeln gespreizt aufrecht, also ob er steht, auf dem Pferde sitzt. Dann auf diese Art wird er mit beiden Oberschenkeln sich mehr am Pferd festhalten, er reitet mit festerem Schluß, und da er aufrecht ist, hat er mehr Kraft, vom Pferde herab den Wurfspieß zu schleudern oder auf die Feinde einzuschlagen.
Vom Knie abwärts muß er das Schienenbein mit dem Fuß schlaff herabhängen lassen. Denn wenn er das Bein steif hält, würde er, wenn er an etwas anstößt, nachgeben und den Oberschenkel dann gar nicht von der Stelle bewegen. Der Reiter muß auch seinen Körper oberhalb der Hüfte daran gewöhnen, so leicht beweglich wie möglich zu sein."

Xenophon, „Über die Reitkunst - Der Reiteroberst", Verlag Paul Parey 1984, S. 53-54

Grisone (1507-1570) zum Sitz:

Wie der Reiter auf dem Pferd sitzen soll
„ferner aber solt dich beffleissen, so du thumlen / und volta nehmen wilt / das du jm mit deinem leib auff dieselbige seiten helfset: aber mit dem laiten dich sein steiff und fest verhaltest / damit du auff keine seitten ungeschictlich hangest. Also das du geradt dem Roß zwischen bayden Ohren hinaus sehest: Oder die Nase geradt mitten zwischen den zwaien Ohren ubern Schoff hinaus zaigt. Und diß ist dass zaichen / das dir zuerkennen gibt / ob du gerecht im Sattel sitzest / und es von Hals unnd Kopff gerecht gehe / wie jm gebürt"

Federigo Grisone, „Künstlicher Bericht und erzierlichste Beschreybung", Olms 1972, S. 32

Grisone wird fälschlicherweise oft sehr brutal in seiner Pferdeausbildung beschrieben. Das verschaffte ihm sogar den Titel „Begründer der Gewaltschule" in Neapel 1532 gewesen zu sein. Liest man sein Werk hingegen, finden wir immer wieder die Forderung, das Pferd zu liebkosen, wenn es seine Sache ordentlich gemacht hat.

„Halte den Zaum mit der Linken und die Gerte mit der Rechten. Reit aufrecht und halte dich mit den Knien samt den Schenkeln wohl im Sattel. Gleich der Gestalt wie du auch sonst zu Fuß bist."

Vgl. Federigo Grisone, „Künstlicher Bericht und erzierlichste Beschreybung", Olms 1972, S. 34

Pluvinel (1555 – 1620) zum Sitz:

Im platonischen Dialog mit seinem König sagt Pluvinel:
Die Grundform des Sitzes war noch der Spaltsitz, wahrscheinlich ein Überbleibsel aus dem Mittelalter. Zunächst sollte der Reiter „hüpsch und zierlich" zu Pferde sitzen, dies war eine Grundvoraussetzung, um ein guter Reiter zu werden.

„Es ist auch viel anmuthiger zu sehen / einen der zierlich zu Pferde sißet und hüpsch reitet / ob er schon der Wissenschaft mangelt / als den Kunstreichste Reuter / so der Sache kein Gestalt geben kann."

Antoine De Pluvinel, Neu-auffgerichte Reut-Kunst, Olms/ 2000, S.7

Pluvinel legt darüber hinaus auch Wert darauf, dass *„je weniger ein Reuter zu Pferd sich bewegt / je besser es ihm anstehet."*

Antoine De Pluvinel, „Neu-auffgerichte Reut-Kunst", Olms/ 2000, S.63

Guerinière (1666-1751) zum Sitz:

„Der Herzog von Newcastle sagt: daß ein Reiter zween bewegliche Theile und einen unbeweglichen haben müsse. Die ersten sind: der obere Theil des Leibes bis zum Gürtel, und die Schenkel von den Knien bis zu den Füßen; Zufolge dieses Grundsatzes bestehen die obern beweglichen Theile aus dem Kopf, den Schultern und den Armen. Der Kopf muß gerade und frei über den Schultern stehen, indem man zwischen den Ohren des Pferdes durchsieht; die Schultern: müssen gleichfalls sehr frei und etwas nach hinten zurückgezogen seyn, denn wenn der Kopf und die Schultern vorfielen, so würde der Hintere aus dem Sattel kommen, welches neben denn hässlichen Anstand, ein Pferd auf den Schultern zu gehen veranlassen, und ihm, bei der geringsten Bewegung, zum Hintenausschlagen, Gelegenheit geben würde. Die Arme müssen bei dem Elnbogen gebogen und ungezwungen an den Leib gelegt werden, und natürlich auf die Hüften herunter sinken."

Guerinière, „Reitkunst", Olms/ 1999, S.150

Steinbrecht (1808-1885) theoretische Anschauung zum Sitz:

Wie der Mensch von seinem Körper Gebrauch machen sollte, bei der Bearbeitung des Pferdes: *„Dieser Gebrauch seiner Glieder wird nur dann sachgemäß sein und zum Ziel führen, wenn er in jeder Beziehung auf eingehendem Verständnis für die Natur des Pferdes und genauer Kenntnis seines Körperbaus beruht. In diesem Sinne verstanden, sind die Mittel zur Bearbeitung des Pferdes in erster Linie: ein zweckentsprechender, naturgemäßer Sitz und sodann, aus diesem Sitze heraus, der richtige Gebrauch der Gliedmaßen bei den Einwirkungen auf das Pferd... Einen Normalsitz zu Pferde, wenn man darunter eine auch nur für die Mehrzahl der Fälle richtige Körperhaltung verstehen will, gibt es gar nicht, denn der Reiter sitzt nur dann richtig zu Pferde, wenn der Schwerpunkt, oder vielmehr die Schwerpunktslinie seines Körpers mit der des Pferdes zusammenfällt. Nur dann ist er mit seinem Pferde in vollkommener Harmonie und gleichsam eins mit ihm geworden."*

Gustav Steinbrecht, Gymnasium des Pferdes, Verlag Dr. Rudolf Georgi 1995, S. 1-2

Der Fellsattel

Ein Blick auf die Geschichte des Sattels lässt vermuten, dass eine Art Lammfellsattel auch schon von unseren Vorfahren verwendet wurde.
Der Fellsattel ist anders. Er sieht anders aus, er fühlt sich anders an. Gerade die erste Begegnung, und die damit verbundene Frage der Handhabung, verunsichern so manchen Reiter.

Es gibt viele Fragen:
Wie muss ich satteln?
Was ist mit den Steigbügeln: brauche ich sie, kann ich überhaupt mit Steigbügeln reiten?
Wie komme ich auf mein Pferd, mit diesem Sattel?
Wie sitzt es sich im Fellsattel?
Wie wird mein Halt sein?
Wie fühlt sich mein Pferd an?
Werden wir uns wohl fühlen?
Komme ich klar, kann ich meine Hilfen so geben wie immer?
Kann ich mein Pferd ganz normal weiter trainieren?
Was ist mit den Zuschauern?
Mache ich mich lächerlich?
Schade ich womöglich meinem Pferd...?

Diese Liste ließe sich sicherlich noch sehr viel weiter führen. Eines ist sicher, ein wenig aufgeregt werden wir alle sein, wenn wir den Fellsattel das erste Mal besteigen.

Was ist ein Fellsattel?

Ein baumloser Sattel aus echtem Lammfell.

Für den nötigen Halt sorgen die sogenannten Sattelpauschen. Nicht alle angebotenen Modelle verfügen über diese Pauschen. Sie sollten beim Kauf darauf achten, dass Sie Ihren Fellsattel mit Pauschen erwerben. Denn auch wenn Sie es kaum vermuten würden. Diese „Öhrchen“ verleihen dem Reiter wirklich einen guten Halt.

Auch im Fellsattel lassen sich die ein oder anderen ungeplanten Bewegungen des Pferdes sicher meistern. Ob nun das Pony unerwartet den Kopf zum Grasen senken möchte, oder das Pferd mal aus voller Energie in die Lüfte geht.

Die Vorzüge des Fellsattels

Es ist eine kostengünstige Alternative.
Und zwar immer dann, wenn kein passender Ledersattel zur Verfügung steht.

Nichtpassende Sättel sind leider eher die Regel als die Ausnahme. Oft sind Pferdebesitzer schlecht beraten worden und wissen gar nicht, dass ihr Sattel unpassend für das Pferd ist. Pferde äußern ihren Unmut, aber erkennen wir ihn als solches auch an? Sattelzwang, beispielsweise, ist ein Alarmzeichen und nicht eine dumme Marotte. Diese Abwehrreaktion ist eine ernst zu nehmende Verhaltensstörung.
Auffällige Verhaltensweisen wie z.B. die Tatsache, dass das Pferd beim Aufsteigen und Nachgurten nicht stehen bleiben will, dass es im Rücken nachgibt, wenn der Reiter sich in den Sattel schwingt, dass es mit dem Schweif schlägt oder die Ohren anlegt, verspanntes Gehen bis hin zu den sogenannten „Widersetzlichkeiten" wie in Reiterkreisen die Auffälligkeiten der Pferde, die sich zur Wehr setzen, genannt werden – all diese Auffälligkeiten können u.U. einen Hinweis darauf geben, dass ein unpassender Sattel auf dem Rücken des Pferdes platziert wurde.

Natürlich ist ein unpassender Sattel nicht immer allein schuld an dem Problemverhalten des Pferdes, aber etwas mehr Aufmerksamkeit auf das Sattelthema zu lenken wäre wünschenswert. Ich habe ja eingangs schon beschrieben, dass ich keine alternative Reitweise ins Leben rufen wollte, sondern auf der Suche war. „Was tun, wenn der Sattel nicht passt?"
Einen nicht passenden Sattel passender zu bekommen, indem man ein dickes Pad unterlegt, war und ist mir ein Gräuel. Pferde geben keine Schmerzlaute von sich. Das macht es einfach zu glauben, es reicht durchaus, wenn wir den schlecht passenden Sattel etwas unterfüttern. Das Gewissen ist beruhigt und der Reiter wiegt sich in Glauben, alles Menschenmögliche für das Wohlergehen des Vierbeiners getan zu haben. Aber Hand aufs Herz würden Sie mit nichtpassenden Schuhen joggen?
Wenn ja - glauben Sie, dass Sie Freude am Laufsport haben würden...?
Leider kommt es häufig vor, dass Sattelverkäufer nicht immer ausgebildete Sattler sind, und nicht alle, die einen Sattel zum Polstern mitnehmen, liefern zufrieden stellende Ergebnisse zurück. Ja, und ein guter Ledersattel ist auch eine Frage des Preises. Gerade im Freizeitbereich sind manche Sättel teurer als das Pferd, das wird oft vergessen, wenn wir uns ein Pferd zulegen. Ein Pferd verändert aber auch seine Sattellage im Laufe seines Lebens: Durch das tägliche Training und auch durch Trainingspausen. Und nicht zu vergessen, was wird, wenn unser Pferd in die Jahre kommt?

Pferde werden auch älter. Gerade der Rücken des Pferdes senkt sich gerne ab. Einen neuen Sattel kaufen, für ein Pferd, das 24 Jahre alt ist, wie bei unserem Suenos? Das Reiten aufhören, weil der Sattel nicht mehr passt? Ein fittes Pferd in Rente schicken?

Fit wie ein „Turnschuh“ trotz seines stolzen Alters. Man sieht und merkt es ihm kaum an, ein paar weiße Haare mehr und einen leichten Senkrücken. Da passt sich der Fellsattel an.

Eigentlich eher aus Verzweifelung, denn aus Überzeugung, ritt ich Pferde ohne Sattel.
Die Begegnung mit dem Fellsattel war da für mich fast wie ein Segen- denn er machte mich und auch meine Schüler unabhängiger.
Passt der Sattel nicht, haben wir eine Alternative, muss der Sattel zum Aufpolstern, haben wir eine Zwischenlösung, und warten wir auf unseren Maßsattel so können wir das Training weiterführen. Mit einem Sattel, der eines immer garantiert: Er passt - und das auf jeden Pferderücken!
Aber seine Stärke beschränkt sich nicht nur auf seine Anpassungsfähigkeit:
Der Fellsattel lässt fühlbar die Bewegung zu.
Reitet man Pferde ohne Sattel, so merkt man, wie viel Bewegung im Pferderücken stattfindet.
Der Fellsattel gestattet Pferd und Reiter diese Freiheit, verbunden mit dem Halt, der durch einen Sattel gegeben wird.
Ich habe oft erlebt, wie sich durch das Reiten im Fellsattel der Blickwinkel aufs Reiten verändert. Die Körperwahrnehmung erweitert sich. Die Wechselbeziehung zwischen Reiter und Pferd definiert sich neu. Auch wenn Reiter und Pferd den Fellsattel nur mal so ins Training einbauen, sind meine Erfahrungen durchweg positiv.

Berechtigte Vorurteile

Ja, es gibt durchaus berechtigte Bedenken, und nicht alle Reiter fühlen sich im Fellsattel wohl. Das ist zu akzeptieren und der Fellsattel soll ja auch keine Sattelkonkurrenz werden. Er kann eine Erweiterung im Sattelschrank sein.

Es kursieren einige negative Thesen zum Fellsattel:
Die Gewichtsverteilung ist ungünstig und schadet dem Pferderücken.
Der Fellsattel verfügt über keinen „Wirbelkanal“, so sitzt man direkt auf der Wirbelsäule bzw. auf den so genannten Dornfortsätzen des Tieres.
Richtige Dressurarbeit ist nicht durchführbar, weder zur Ausbildung noch zur Korrektur.
Er eignet sich nicht für das Anreiten junger Pferde.
Der Fellsattel ist nur was für alternative „Spinner“.
Die Verwendung von Steigbügeln ist nicht möglich.
Dauerhaft kann ein Pferd damit nicht ohne Nachteile geritten werden:
So schadet Reiten im Fellsattel z.B. der Körperhaltung des Reiters und ist auf Dauer gesundheitsschädlich. Man hat keinen Halt und kommt schnell mit dem gesamten Sattel ins Rutschen. Vor allem, wenn das Pferd bockt, ist der Reiter gefährdet. Von daher ist der Sattel vor allem für Reitanfänger oder zum Erlernen des Reitens als völlig ungeeignet zu bezeichnen.

Auch diese Liste ließe sich sicherlich weiterführen. Alle Thesen haben ihre Berechtigung und sind auch nicht völlig von der Hand zu weisen. Auffallend ist in diesem Zusammenhang aber, dass fast allen Kritikern eines gemeinsam ist: Sie sind nicht über einen längeren Zeitraum mit diesem „Ding" geritten. Sie haben es schlichtweg nicht probiert. Ich möchte Ihnen versichern, dass es möglich ist, im Fellsattel zu reiten, und dass auch die langfristige Anwendung kein Problem darstellt. Ich werde Ihnen anhand vieler dokumentierter Ausbildungswege von Pferden und Reitern belegen, dass die oben genannten Thesen nicht pauschalisiert werden sollten.

Im Folgenden möchte ich Ihnen einige grundlegende Informationen über den Fellsattel vermitteln:

Das Fellsattel ABC

Die Handhabung des Fellsattels unterscheidet sich in einigen Punkten von dem, uns gewohnten, Ledersattel mit Baum.

Die Pflege

Es ist wohl der erste Sattel, den wir waschen können. Zu beachten ist die Pflegeanleitung des jeweiligen Herstellers. Es empfiehlt sich auch, den Sattel gelegentlich auszubürsten und luftig aufzubewahren. Wählen Sie aber nach Möglichkeit einen Ort, der „mäusefrei" ist, denn Lammfell kann Mäusen als Brutstätte dienen und das ist bestimmt nicht in Ihrem Sinne.

Das Auflegen des Sattels

Der Fellsattel wird weiter vorn auf den Pferderücken gelegt als der herkömmliche Ledersattel mit Baum. Sie können eine Satteldecke unterlegen, um den Sattel so vor Dreck und Schweiß des Pferdes zu schützen. Auch können Sie ein zusätzliches Pad verwenden, wenn Sie den Sattel unterpolstern möchten. Selbstverständlich nicht, um den Fellsattel passender zu bekommen, das Unterpolstern dient in diesem Fall nur Ihrem Komfort. Beispielsweise bei Pferden, deren Wirbelsäule auffallend hervorsteht. Grundsätzlich ist es aber nicht notwendig, eine Unterlage zu verwenden. Denn gerade beim direkten Körperkontakt kommt die therapeutische Wirkung des Lammfelles am Besten zum Tragen.

„Die besonderen Eigenschaften von Lammfell:
Lammfelle vermitteln allgemeines Wohlbefinden. Sie haben eine entspannende und durchblutungsfördernde Wirkung. Durch ein natürliches Luftpolster zwischen der Haut und dem Lammfell entsteht eine atmungsaktive Zone. Lammfelle bestehen zu 100% aus Eiweißproteinen. Eiweiß ist kein Nährboden für Viren und Bakterien. Wolle kann bis zu 30% Feuchtigkeit in Form von Wasserdampf aufnehmen, ohne sich feucht oder kalt anzufühlen. Das Lammfell wirkt antibakteriell und schützt die Haut. Die Schuppenstruktur der Wollfaser stößt den Schmutz ab und

besitzt dadurch eine natürliche Selbstreinigungskraft. Regelmäßig aufgeschüttelt und gelüftet werden Gerüche neutralisiert und die Wolle wieder aufgefrischt." www.lammfelle.de

Der Sattelgurt

Für Ihren Fellsattel benötigen Sie einen Kurzgurt. Es kommt gelegentlich vor, dass der Kurzgurt des bisherigen Ledersattels nicht die richtige Länge hat. Wenn Sie also Ihren Fellsattel erwerben, bedenken Sie im Vorfeld, dass Sie auch einen passenden Kurzgurt zur Hand haben. Wichtig ist ein gut passender Sattelgurt, der keine Scheuerstellen verursacht. Ich favorisiere einen Lammfellsattelgurt, es ist aber durchaus möglich, andere Materialien zu verwenden, und eventuell sollten Sie, für die Bedürfnisse Ihres Tieres, einen anatomisch geformten Gurt wählen.

Die Steigbügel und die Steigbügelriemen

Sie können im Fellsattel sowohl mit als auch ohne Steigbügel reiten.

Sogar die lockere Galopparbeit im Entlastungssitz ist ohne weiteres machbar.

Entscheiden Sie sich für den Gebrauch von Steigbügel, so gilt es Einiges zu beachten.

Die werden Sie brauchen. Die Steigbügelaufhängung ist beim Fellsattel tiefer angesetzt.

Die Steigbügelaufhängung ist tiefer angesetzt, als bei einem Ledersattel mit Baum. Sie benötigen wesentlich kürzere Steigbügelriemen als üblich und gegebenenfalls eine Lochzange, um fehlende Löcher nachzustanzen.

Die Schnallen der Steigbügel können drücken, wenn Sie diese bis oben an die Steigbügelringe ziehen. Um diesem Problem zu entgehen, habe ich die Schnallen bei meinem Fellsattel nach unten gezogen und die überflüssigen Enden abgeschnitten.

Der Fellsattel verfügt über keine Sturzfeder, aus diesem Grund sollten Sie unbedingt Sicherheitssteigbügel verwenden, wenn Sie gedenken, Ihren Fellsattel mit Steigbügeln zu benutzen.

Die Steigbügelaufhängung bildet ein Sicherheitsrisiko. Da die Steigbügelaufhängung über keine Sturzfeder verfügt.

Somit können Sie, bei einem Sturz vom Pferd, mit Ihrem Fuß im Steigbügel hängen bleiben, da der Steigbügel, inklusive der Steigbügelriemen, sich nicht vom Fellsattel löst, während Ihr Pferd seinem Fluchtinstinkt folgt und davon galoppiert. Dieses Szenario wäre wohl eher eine Herausforderung für einen erfahrenen Stuntman. Verwenden Sie Ihren Fellsattel grundsätzlich nur mit Sicherheitssteigbügeln! Diese öffnen sich, wenn Sie im Fall vom Pferd mit einem Fuß im Steigbügel hängen bleiben sollten.

Das Aufsteigen auf das Pferd

Da der Fellsattel über keinen Sattelbaum verfügt, ist es nicht möglich, über den Steigbügel aufzusteigen. Aus der Praxis haben sich einige Möglichkeiten entwickelt, die ich Ihnen gerne im Folgenden erläutern will. Aber alles unter dem Gesichtspunkt:
AUSPROBIEREN AUF EIGENE GEFAHR. Die sicherste Alternative ist eine Aufsteighilfe, die hoch genug ist, um von oben auf das Pferd zu steigen. Eine andere Variante ist es, sich über das „Reiterbein“ durch eine zweite Person hochheben zu lassen. Auch machbar wäre eine Aufsteighilfe und eine zweite Person, die Ihnen den rechten Steigbügel gegenhält, während Sie über den linken aufsteigen. So können Sie das Aufsteigen über den Steigbügel ermöglichen.
Je nach Widerristhöhe des Pferdes, und des jeweiligen Körpergewichtes des Reiters, gelingt es auch manchen Reitern, ohne Hilfe einer zweiten Person mit einer Aufsteighilfe über den Steigbügel aufs Pferd zu kommen. Aber nochmalig der Hinweis, der Fellsattel ist nicht dazu geeignet, über den Steigbügel aufzusteigen, wer es doch probiert, tut dies auf eigene Gefahr.

Reiten mit Steigbügeln

Den Fellsattel auch mit Steigbügel nutzen - geht das? Oft wird genau das bestritten. Ich möchte Ihnen versichern, dass es möglich ist, den Fellsattel auch mit Steigbügeln auf dem Pferd zu verwenden.

Eine gut durchgesprungene Galoppade muss vom Reiter begleitet werden.
Die Steigbügel dienen dazu, die reiterlichen Hilfen optimal zu unterstützen.

Zur Überprüfung der Durchlässigkeit, „Zügel aus der Hand“ kauen lassen. Auch hier wirkt das Reitergewicht entlastend durch den Steigbügel.

Wie ich ja eingangs schon beschrieben habe, war es eine meiner Schülerinnen, die einen solchen Sattel für ihr Pferd mitbrachte. Da das Pferd sehr lange pausiert hatte, kam gerade dem Entlastungssitz eine überwiegende Trainingseinheit zu, und dazu benötigte ich die Steigbügel.

Bevor ich aber weiter die jeweiligen Ausbildungsschritte eines Reitpferdes vertiefen möchte, lassen Sie mich Ihnen zunächst kurz ein paar praktische Hinweise zur Handhabung des Reitens mit Steigbügel im Fellsattel mit auf den Weg geben - und lesen Sie weiter bei den vielen Fallbeispielen in diesem Buch, dass es unter anderem möglich ist, mit Steigbügeln im Fellsattel zu reiten.

Sich über die Steigbügel im Fellsattel auszubalancieren bedarf etwas Übung. Besonders an die Steigbügelaufhängung müssen Sie sich gewöhnen. Sie ist tiefer angesetzt als bei einem Sattel mit Baum und so wirken Steigbügelriemen, inklusive des Bügels, in sich instabiler. Dies macht sich bemerkbar durch ein wackeligeres Bein und einem Gefühl von weniger gutem Halt. Der Steigbügel reagiert auf leichten Bügeltritt sensibler als gewohnt. Fast vergleichbar mit dem

Fußdruck auf einer Holzleiter im Verhältnis mit einer Strickleiter. Wir müssen im Fellsattel genauer darauf achten wie wir einen Fußdruck auf den Bügelrost übertragen damit dieser sich nicht hin und her bewegt. Erfahrungsgemäß klappt das nach ein paar Versuchen sehr gut. Achten Sie immer darauf, dass Sie Ihre Oberschenkel flach zum Sattel drehen.
Ihre Schienbeine sollten in Richtung Pferdekopf zeigen. Es hilft, wenn Sie sich vorstellen, Ihre Schienbeine seien Leuchten, die Ihnen den Weg erhellen.

Mein bevorzugtes Fellsattelmodel

Den Fellsattel gibt es in unterschiedlicher Ausführung. Sie sollten stets darauf achten, dass Ihr Fellsattel über die so genannten Kniepauschen verfügt. Meine ganz persönliche Erfahrung hat mir gezeigt, dass diese Pauschen helfen, die Beine durch einen leichten Knieschluss zu stabilisieren. Nicht nur bei unvorhergesehen Freudensprüngen seitens Ihres Pferdes.
Im Fellsattel kann auch ein Kopfeisen untergebracht werden, dies soll dem Fellsattel mehr Halt geben und es wird verhindert, dass der Fellsattel durch einseitige Gewichtsbelastung ins Rutschen kommt.
Auch wenn dieser Vorteil zunächst berechtigt ist: Ich halte es nicht für sinnvoll, ein Kopfeisen im Fellsattel zu platzieren, da das Kopfeisen den Trapezmuskel des Pferdes in seiner Bewegungsfreiheit einschränken kann. Und genau diese Bewegungsfreiheit ist aus meiner Sicht einer der außerordentlichsten Vorzüge des Fellsattels überhaupt. Sie werden in diesem Buch viele Pferde kennen lernen, die dies unterstreichen werden.

Sie sollten allerdings im Fellsattel gut darauf achten, dass Sie fest nachgegurtet haben, ohne Kopfeisen kann er - je nach Gewichtsverteilung des Reiters - auch rutschen. Dies ist zwar eine sehr gute Gleichgewichtsübung für den Reiter, aber auch eine, nicht zu unterschätzende, Gefahr vom Pferd zu fallen. Also, den Sattelgurt überprüfen, ob er fest genug ist, indem Sie noch gut zwei Finger zwischen Gurt und Pferdekörper bekommen ohne allerdings durch leichte Körperbewegungen mit dem Fellsattel ins Rutschen zu geraten. Wenn das gesichert ist, kann es so richtig losgehen.

Der richtige Bügeltritt

Der Fellsattel lässt sich, wie schon beschrieben, ohne weiteres mit Steigbügel verwenden. In der klassischen Dressurausbildung von Pferd und Reiter spielt der sogenannte „Bügeltritt“ eine sehr wichtige Rolle. Leider ist das Wissen um den Bügeltritt in unserer heutigen Zeit stark in Vergessenheit geraten.

Um an dieser Stelle schon einmal einen kurzen Einblick in das Wissen der Reitkunst weiterzugeben, ein paar Textpassagen aus der so genanten „Bibel“ der klassischen Reitlehre, zum Bügeltritt von Gustav Steinbrecht:

*„Legt der Reiter künstlich mehr Gewicht darauf, so entsteht der Bügeltritt, der bei allen vertreibenden Hilfen unentbehrlich ist,... In der hohen Schule * dient er, in seiner feinerer Weise angewendet, als Stützpunkt beim Gebrauch des Kniedrucks. Vermittelst dieses Bügeltrittes werden auch die Waden stark angespannt und ihre Einwirkungen dadurch verstärkt. Aus diesem Grunde ist er auch in allen Schulen unentbehrlich, bei denen es gilt, die Hinterhand in einer bestimmten künstlichen Stellung zu erhalten, also beispielsweise in Lektionen auf zwei Hufschlägen."*

Gustav Steinbrecht, „Gymnasium des Pferdes", Verlag Dr. Rudolf Georgi 1995, S. 31-34

* Die hohe Schule bildet die Vollendung der klassischen Ausbildung eines Pferdes. In der klassischen Reitkunst werden die einzelnen Ausbildungsstadien in drei Schulen eingeteilt: 1. Remontenschule 2. Die Campagne Schule 3. Die Hohe Schule. Auf Seite.... erfahren Sie dazu mehr

Sehr schön zu erkennen, wie die Stute Rubinie, die ich Ihnen später noch detaillierter vorstellen werde - hier mit ihrem rechten Hinterbein eindrucksvoll im „Schulterherein" * gebogen unter ihren Körper fußt.

* *„Beim Schulterherein ist die Vorhand des Pferdes etwa einen halben Schritt vom Hufschlag des äußeren Hinterbeines entfernt in die Bahn hineingekommen, so dass die äußere Schulter vor die innere Hüfte gerichtet ist. Die inneren Füße treten vor die äußeren, und zwar in der Weise, dass der innere Hinterfuß in die Richtung des äußeren Vorderfußes tritt."* FN, „Richtlinien Band 2", 1990, S.52

Das Leichttraben

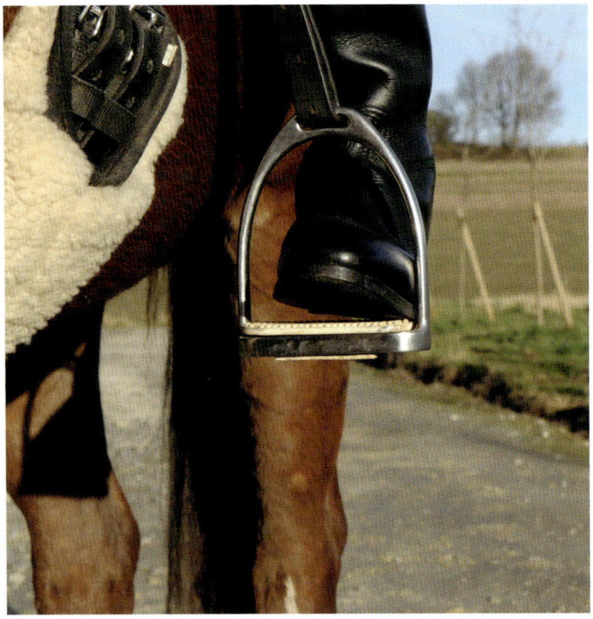

Auch Leichttraben ist im Fellsattel möglich. Hierbei ist es sehr wichtig, dass in dem Moment, wo sich das Körpergewicht über den Steigbügel erhebt, der Steigbügel ruhig in seiner Eigenbewegung bleibt und nicht durch die Belastung vor oder zurück schwenkt. Dies erreichen Sie, indem Sie beim Aufstehen vermehrt die Außenkante des Fußes belasten. Achten Sie dabei stets darauf, dass sich die Steigbügel lotrecht zum Körper verhalten.

Sie finden die Balance beim Aufstehen aus dem Sattel über die Außenkante des Fußes.

Genauso funktioniert es auch in der Dehnungshaltung.

Zudem ist es wichtig, dass Sie die Kraft zum Aufstehen nicht aus dem Hochdrücken des Beckens entwickeln. Ihre Beine müssen die Hauptarbeit übernehmen, dies gilt besonders für das Hinsetzen. Beim Leichtraben ist es wichtig, dass Ihre Auf- und Abwärtsbewegungen gleichmäßig sind. Sie können sich das gut vorstellen, indem Sie die Muskelarbeit beim Hanteltraining als anschaulichen Vergleich nehmen. Das Heranziehen der Hantel ist einfacher als das Niederlassen des Gewichts. Um aber einen guten Trainingseffekt zu bekommen, dürfen Sie die Last nicht einfach herunterschnellen lassen.
Ein schnelleres Herunterkommen und Platznehmen im Sattel wirkt störend auf den Bewegungsablauf des Pferdes ein und führt zu Verspannungen, bis hin zu Taktfehlern. Dies ist aber unabhängig davon, ob Sie sich nun im Fell- oder im Ledersattel mit Baum befinden.

Reiten auf Turnieren

Der Fellsattel ist nicht turniertauglich, da er nicht erlaubt ist, denn baumlose Sättel sind gem. § 70 LPO (Leistungs- Prüfungsordnung) und dem Verweis auf die Richtlinien der deutschen reiterlichen Vereinigung e.V. FN (Federation Equestre Nationale) Band1 nicht zulässig im Turniersport.

Klassische Dressurausbildung im Fellsattel

Theoretische Grundlagen zur Ausbildung eines Pferdes

Unabhängig davon, ob wir nun unser Pferd mit einem Sattel mit Baum reiten möchten, im Fellsattel oder gar ganz ohne Sattel:

Kein Pferd wurde als Reitpferd geboren. Es muss dazu ausgebildet werden.

Wenn wir uns das ganz deutlich vor Augen führen, wird uns klar, dass wir sehr viel über das Pferd und seinen ursprünglichen Naturzustand wissen müssen, bevor wir es für unsere Zwecke nutzen können. Gerade dieses theoretische Wissen bildet das Fundament für unser zukünftiges reiterliches Können.

„Ohne diese Theorie ist die Ausübung immer ungewiß."

Guerinière, „Reitkunst", Olms/ 1999, S.107

Die „Natur" des Pferdes ist nicht darauf ausgelegt einen Menschen zu tragen, oder eine Last zu ziehen. Sein ganzer Organismus - und damit verbunden auch seine Instinkte - basieren darauf, als Flucht- und Steppentier bestmöglich zu überleben.
So verbringt ein frei lebendes Pferd die überwiegende Zeit seines Lebens mit der Nahrungsaufnahme. Dazu bewegt es sich mit gesenktem Kopf grasend vorwärts, gestützt auf die Vorderbeine und angeschoben durch die Hinterbeine. Wittert es Gefahr, so hebt es den Kopf, beschleunigt die Körperlast durch das Abdrücken der Hinterbeine und flüchtet. Dieses Verhalten stellt für das Pferd auch die beste Überlebensstrategie dar. Kommt nun eine Last auf seinen Rücken, bleibt diese Überlebensstrategie nur noch bedingt wirksam.

Aber nicht nur das Pferd wird mit einer zu tragenden Last Schwierigkeiten haben sich sicher fort zu bewegen, ein Pferd, das sich noch in seiner natürlichen Haltung befindet, stellt ein sehr hohes Sicherheitsrisiko dar. Es lässt sich weder problemlos lenken, noch werden wir immer Herr über seine Geschwindigkeit sein.
Auch wenn wir heute nicht mehr mit unserem Pferd in die Kriegsschlacht ziehen müssen, wie unsere Vorfahren, so teilen wir doch den Wunsch nach einem rittigen und gehorsamen Reitpferd.

„Gehorsam und Rittigkeit aber bilden das Ziel aller Ausbildung. Ohne sie wird man beim Reiten weder je das berühmte und begehrte „Glücksgefühl" empfinden, noch wird die Sicherheit des Reiters über den Zufall hinaus gewährleistet. Gerade letzteres wird vom Menschen sehr selten bedacht, wenn er sich – oft selbst nur ungenügend vorbereitet (!) - auf den Rücken eines Pferdes „schwingt". Er ist in solchen Fällen auf Gedeih und Verderb der Gutmütigkeit dieses Tieres ausgeliefert, weil auch nicht die geringsten Voraussetzungen vorhanden sind, sich zum „Herrn über das Pferd zu machen...
Schon aus diesem Grund sollte man nie auf die korrekte Ausbildung eines Pferdes verzichten und annehmen, man würde im Gebrauchsfall mit „gutem Zureden" auskommen.

Aber auch die Leistungsfähigkeit und die Lebensdauer eines Pferdes, sind in einem sehr hohen Maße von der Korrektheit der Ausbildung abhängig. Ein unvorbereiteter Organismus wird sehr bald an seine eng gezogenen Grenzen stoßen und jedes Überschreiten dieser Grenze muß früher oder später Folgen haben." Kurt Albrecht „Meilensteine auf dem Weg zur Hohen Schule" Olms / 1983, S.11-12

Wie gelangen wir also an ein gehorsames und rittiges Pferd?
Nun, das Pferd muss ausgebildet werden:

„die Ausbildung des Pferdes ist eine naturgemäße Gymnastik, durch die sein gesamtes Muskelsystem geübt wird, dem Knochengerüst die jenige Richtung zu geben, die der Reiter gebraucht."

Gustav Steinbrecht, „Gymnasium des Pferdes", Verlag Dr. Rudolf Georgi 1995, S. 49

Damit Sie diesen Lehrsatz von Gustav Steinbrecht auch inhaltlich verfolgen können, möchte ich Ihnen im Folgenden einen Überblick über das Basiswissen der klassischen Reitlehre vermitteln.

Das Basiswissen der klassischen Reitkunst

Vom „natürlichen Gleichgewicht“ hin zum „künstlichen Gleichgewicht“, das ist das Ausbildungsziel der klassischen Reitkunst.

„Die Pferde haben zweierlei Art Gänge; nämlich natürliche und künstliche Gänge... Die natürlichen und vollkommenen Gänge sind blos das Werk der Natur, ohne durch die Kunst verbessert zu seyn... Künstliche Gänge sind solche, die ein geschickter Bereiter den Pferden, die er zureitet, zu lehren versteht, um sie in den verschiedenen Schulen, wozu sie Vermögen und Geschick haben, abzurichten, und die auf gut eingerichteten Reitschulen ausgeübt werden müssen.“

Gueriniѐre, „Reitkunst“, Olms/ 1999, S.131

„Die künstlichen Bewegungen sind aus den natürlichen gezogen, und erhalten verschiedene Namen, nach dem abgemessenen Gang und der Stellung, die man Pferden gibt, welche in der Schule, wozu sie geschickt sind abgerichtet werden.“

Gueriniѐre, „Reitkunst“, Olms/ 1999, S.1138

Bis das Pferd ein vollendetes Reitpferd im klassischen Sinne darstellt, durchläuft es während seiner Ausbildung mehrere Ausbildungsklassen, diese werden unterteilt in die einzelnen Schulen der Kunst. Die alten Meister beschreiben dazu drei Schulen. Die erste Schule ist die der Gewöhnung. Wir benennen sie heute als Remonten- Schule. Die zweite Schule diente dem gewöhnlichen Kriegsgebrauch. Wir benennen sie als die Campagne- Schule. Und die dritte Schule, das Reiten in der Reitbahn, erhebt sich zur Hohen Schule der klassischen Reitkunst. Unterscheiden lassen sich diese Schulen zunächst am einfachsten an der Ausrichtung der Wirbelsäule des Pferdes.
Denken wir uns die Wirbelsäule des Pferdes als einen Waagebalken, so können wir den Ausbildungsstand des Pferdes leicht erkennen. Ist die Ausrichtung der Wirbelsäule abfallend zur Vorhand, so trägt unser Pferd vermehrt sein Körpergewicht auf seiner Vorhand. Senkt sich seine Wirbelsäule zur Nachhand, durch die Hankenbeugung und die dadurch verbundene Aufrichtung der Vorhand, so trägt es sein Gewicht vermehrt auf der Hinterhand.

Wichtig dabei ist, dass dieses Senken der Hinterhand mit der Aufrichtung der Vorhand harmoniert. Das ist nur dann der Fall, wenn die Aufrichtung der Vorhand am Widerrist stattfindet, um noch genauer zu sein - am ersten Domfortsatz des Pferdes, dieser befindet sich etwas oberhalb auf Höhe des Buggelenkes.

Aber Augen auf:
Pferde, die sich nicht in den Hanken * biegen und den Kopf einrollen oder emporheben, zeigen keine Selbsthaltung im klassischen Sinne.

* Unter Hankenbiegung verstehen wir das Senken der Hinterhand durch die Biegung von Hüft- Knie- und Sprunggelenk

Die Ausbildungsstadien

Die Ausbildungsstadien bzw. die Schulen lassen sich in drei Gleichgewichtsrichtungen einteilen.

Die Remonten Schule

Das Pferd verlagert seine Gleichgewichtsrichtung noch deutlich zur Vorhand hin.
Sie ist gut erkennbar an der Rücklinie des Pferdes, die abfallend zur Vorhand verläuft.

In dieser Ausbildungsphase neigt das Pferd noch dazu, sich über die Reiterhand abzustützen.

Die Campagne Schule

Das Pferd hat seine Gleichgewichtsrichtung schon gering zur Nachhand hin verlagert. Sie ist gut erkennbar an der Rückenlinie des Pferdes, die fast eine Parallele zum Erdboden beschreibt.

Die Anlehnung zur Reiterhand wird leichter, das Pferd bedarf sie als Stütze nicht mehr.

Die Hohe Schule

Das Pferd verlagert seine Gleichgewichtsrichtung allmählich zur Nachhand hin.
Das Pferd erreicht die Aufrichtung der Vorhand durch seine Hankenbeugung. In der gewünschten Selbsthaltung befindet sich das Pferd unabhängig von der Reiterhand.

Auch wenn wir uns alle ein Pferd wünschen, das in vollendeter Versammlung sich unter uns zu präsentieren weiß, sollten wir realistisch sein. Nicht jedes Reitpferd kann und muss die Ausbildungsstufe der Hohe Schule erreichen.

Und nicht jeder engagierte Reiter wird das nötige Können erlangen.
„Die Gebrauchsschule ist die Umgangssprache in der Reiterei, die Hohe Schule ihre Poesie.“

Waldemar Seunig, „Meister der Reitkunst und ihre Wege“, Verlag Paul Parey 1981, S.20

Die Frage ist immer, welches Ziel verfolge ich, und sind alle Voraussetzungen vorhanden, diese auch zu erreichen?

„Der Trainer bildet beim Rennpferde nur die Schubkraft der Hinterbeine zu möglichster Vollkommenheit aus und kann dies nicht ohne Nachteil für die Vorderbeine tun, denen dadurch zu großes Gewicht aufgebürdet wird; der Kampagnereiter, der sich das Gleichgewicht des Pferdes als Ziel setzt, braucht die Tragkraft der Hinterbeine nur so weit auszubilden, dass sie das auf den Schultern liegende Übergewicht übernehmen; der Schulreiter hingegen bildet Schub- und Tragkraft gleichmäßig zur möglichsten Vollkommenheit aus und gibt dadurch seinem Pferd die höchste körperliche Gewandtheit.“

Gustav Steinbrecht „Gymnasium des Pferdes“ S.55

Das Gleichgewicht beim Pferd

Wir sollten uns aber auch mit den Begrifflichkeiten der klassischen Reitlehre auseinandersetzen. Und dazu gehört unter anderen der Begriff des Gleichgewichtes.
Wie ganz selbstverständlich benutzen wir diesen Begriff in der reiterlichen Umgangssprache. Nur wenige Reiter haben jedoch eine genaue Vorstellung davon, was wir unter dem Begriff des Gleichgewichts überhaupt verstehen können.
Den „alten Meistern“ ging es da ebenso und sie waren sich nicht immer einig, wie der Begriff zu verwenden sei.

Beliebt waren und sind auch heute noch Vergleiche aus der Statik. Ein Versuch, der sehr unzureichend gute Antworten liefern kann, da diese physikalischen Erklärungen sich nur auf starre und nicht dynamische Körper übertragen lassen; besonders dann, wenn sie laienhaft auf den physikalischen Formeln auf dem Niveau der Untertertia beruhen. Wie sie auch heute gerne von manchen Ausbildern wiederholt zu Beweisfindung verwendet werden.

Anmerkung von Hans von Heydebreck:
„Die in der Reitliteratur vorhandenen gegensätzlichen Auffassungen des Begriffes Gleichgewicht finden ihre Erklärung darin, daß man einerseits die für einen toten Körper aufgestellten Gesetze auch auf den sich bewegenden, lebenden überträgt, andrerseits bei Erforschung der Gleichgewichtsgesetze, denen der Pferdekörper in der Bewegung unterliegt, den Schwung außer acht lässt. Ebenso wird nicht erkannt, dass nicht nur die stützenden Gliedmaßen, die Standbeine, im Gange das Gleichgewicht aufrechterhalten, sondern dass auch die vorschwingenden Gliedmaßen, die Spielbeine, zur Erhaltung der Balance und des Schwunges beitragen.

Der Schwung geht von den aus federnden Gelenken nach vorwärts- aufwärts abstoßenden Hinterbeines aus. Je mehr diese dabei den Körper nach aufwärts abfedern, um so mehr Last nehmen sie vorher auf und entlasten dadurch die Vorderbeine. Dazu müssen sie sich beim Stützen in ihren oberen Gelenken biegen, wodurch die Hinterhand gesenkt und das Rückgrat des Pferdes, das von Natur eine von hinten nach vorn abfallende Linie bildet, eine mehr waagerechte Richtung erhält. Diese Richtung jederzeit erzielen zu können, ist das Hauptziel der gymnastischen Dressur des Gebrauchspferdes."

Gustav Steinbrecht, „Gymnasium des Pferdes", Verlag Dr. Rudolf Georgi 1995, S.53

Einig ist man sich hingegen aber darin, dass:

Ein Pferd nicht als Reitpferd geboren worden ist - es muss dazu ausgebildet werden

Das geborene Reitpferd

Es mag Pferde geben, die einen das vergessen lassen. Gerade die moderne Pferdezucht verspricht uns angebore Reitpferdequalitäten. Ein Fohlen, das sich fast wie ein vollendetes Pferd zu präsentieren weiß, wird trotz alldem seinem „natürlichen Gleichgewicht" unterliegen. Unsere Stute Du Barry steht ein langer Ausbildungsweg bevor. Aber bis dahin ist noch viel Zeit.

Um diese Haltung später auch unter dem Reiter zu zeigen, wartet auf unsere Du Barry ein langer Ausbildungsweg, aber das hat noch Zeit.

Die Hindernisse auf dem Ausbildungsweg

Nun sind uns zwar die einzelnen Schulen bekannt, aber damit wissen wir noch nichts über die inhaltlichen Schwierigkeiten, mit denen wir uns auseinandersetzen müssen.

Im Wesentlichen werden uns zwei Faktoren während der ganzen Ausbildung des Pferdes treue Begleiter sein. Die Rede ist von „Vorderlastigkeit" und der „natürlichen Schiefe" des Pferdes.

Die Vorderlastigkeit

ergibt sich aus dem Exterieur des Pferdes. Betrachten wir Hals- und Kopf, so werden wir unschwer erkennen, dass diese sich als Zusatzgewicht vor den Vorderbeinen befinden und die Überlast der Vorhand erhöhen. Die Ausrichtung der Wirbelsäule verstärkt die Wirkung der Vorderlastigkeit durch ihren anatomischen Verlauf. Die Wirbelsäule beschreibt keine Linie, die sich parallel zum Erdboden befindet, sondern weist eine leicht abschüssige Richtung zur Vorhand auf.

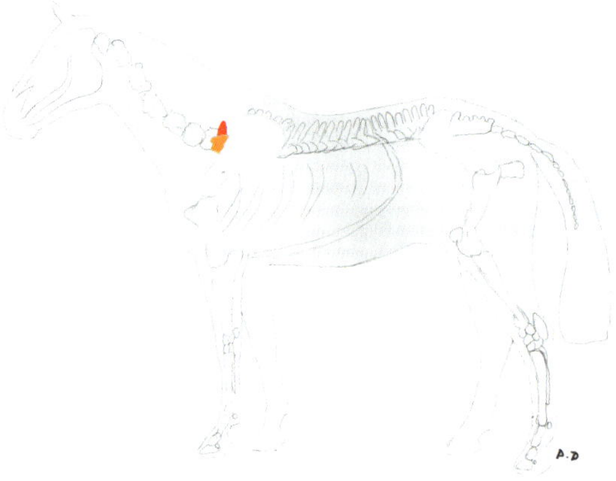

Das Reitergewicht erhöht zunächst die Belastung, die auf der Vorhand ruht; sowohl durch das Vorhandensein der Vorderlastigkeit, als auch durch unsere Sitzposition. Diese ist der Vorhand näher als der Hinterhand des Pferdes.

Die „natürliche Schiefe“

Erschwerend gesellt sich die „natürliche Schiefe“ des Pferdes hinzu, bei der die Vorder- und Hinterbeine nicht in einer Spur laufen.

Die Hinterbeine laufen nicht in die Spur der Vorderbeine. Ebenso, wie es bei uns Menschen Links- und Rechtshänder gibt, existieren beim Pferd zwei Arten der „natürlichen Schiefe“:
Die häufigere Variante beim Pferd ist die so genannte „Linksschiefe“. Hierbei ist das Pferd mit seiner Hinterhand nach links verschoben, so dass der rechte Hinterfuß zwischen die beiden Vorderbeine fußt und der Linke links neben dem Pferdekörper.
Natürlich ist auch der umgekehrte Fall, die Rechtsschiefe, möglich. Der linke Hinterfuß fußt hierbei zwischen die Vorderbeine und der rechte tritt rechts neben den Pferdekörper.
Die Rechtsschiefe kommt aber weitaus seltener vor, ähnlich gestaltet sich das Verhältnis von Rechtshändern zu Linkshändern bei uns Menschen.
Ein Blick auf die Fotografie von der jungen Ponystute Fleur, lässt sehr anschaulich die Linksschiefe erkennen. Die Stellung der Beine zueinander lässt Rückschlüsse auf deren Aufgaben zu. Der rechte Hinterfuß, der unter den Körper tritt, bekommt eine vermehrt tragende Funktion, während der linke Hinterfuß, bedingt durch seine Position neben dem Körper, vermehrt die schiebende Rolle übernimmt.

So ergibt sich, dass das rechte Hinterbein mehr ein Tragbein ist, und das linke Hinterbein zum Schubbein wird.
Im Laufe der Ausbildung ist es wichtig, dass die Hinterbeine sowohl die Tragkraft, als auch die Schubkraft beider Hinterbeine gleichmäßig entwickeln.
Gerade das Wissen um die Händigkeit der Hinterbeine, bestimmt den Trainingsaufbau eines jungen Pferdes - aber auch eines Korrekturpferdes.

Wir werden es nie ganz schaffen, die Merkmale der „natürlichen Gleichgewichtsrichtung“ ganz zu beseitigen, es bedarf einer regelmäßigen Gymnastizierung, deren Inhalt ein systematisches Vorgehen sein muss.

Fleur folgt ihrer „natürlichen Schiefe“. Ihren rechten Hinterfuß setzt sie unter ihr eigenes Körpergewicht, ihren linken Hinterfuß bewegt sie außerhalb ihrer Körperfläche.

Die Auswirkungen der „natürlichen Schiefe" verbunden mit der „Vorderlastigkeit"

Die „natürliche Schiefe" und die „Vorderlastigkeit" bilden sozusagen ein Duo, dem wir begegnen müssen. Gedanklich können wir sie trennen, um hinter das Geheimnis des „natürlichen Gleichgewichts" zu schauen, aber beide Faktoren bedingen sich untereinander.
Welche Auswirkungen haben diese Faktoren nun auf unser Pferd? Betrachten wir dabei einmal die einzelnen Körperteile.

Auf die Wirbelsäule

Bestimmt durch den schiefen Spurverlauf der Hinterhand, erhält die Wirbelsäule eine schiefe Ausrichtung. Auf der Tragseite, in unserem Beispiel, ist dies die rechte Seite.
Hier ist die Wirbelsäule leicht nach unten rechts geneigt. Auf der Schubseite stellt das Pferd die Kruppe hoch.

Von einer Längsachsenbiegung noch keine Spur Camaro stellt seine Kruppe innen hoch und fällt mit seinem linken Hinterbein gegen die Kreislinie. Ein ganz normales Verhalten der Remonte.

Dies ist im Übrigen häufig ein Grund dafür, dass der Reiter in der linken Hüfte einknickt.

Auf die Wirbelsäule in ihrer Längsachse

Diese führt weiter dazu, dass das Pferd sein Gewicht nicht nur vermehrt auf seiner Vorhand trägt, sondern das Körpergewicht auch noch stärker auf das Vorderbein, das Tragbein, verschiebt. In unserem Fall auf das rechte Vorderbein.

Auf die Schulterachse

Da das Körpergewicht in Richtung Vorhand drängt, wird die Schulterachse auf der Tragseite des jeweiligen Hinterfußes, im Verhältnis zur Schubseite vorgestellt und erniedrigt; die Schulterachse ist hingegen auf der Schubseite erhöht und zurückgestellt.

Auf die Stellfähigkeit von Pferdekopf und Pferdehals

Die Stellungsfähigkeit des Pferdehalses und des Pferdekopfes wird durch die „natürliche Schiefe" beeinflusst. Auf der rechten Tragseite lassen sich der Pferdekopf und der Hals oft besser stellen und biegen.
Eine Begründung hierfür ist recht einleuchtend, wenn wir uns dazu das Pferd in seiner Gesamtheit vorstellen. Durch die Gegenstellung des Halses, hin zu seiner schwachen Seite, ist es dem Pferd fast immer möglich, sein Schubbein außerhalb seines eigenen Körpers zu halten. Und das ist für unser Pferd auch lebensnotwendig. Wir sollten das nie vergessen, wenn unser Pferd anscheinend nicht mitmachen möchte - es hat einen naturgemäßen Grund dazu - die sofortige Flucht zu gewährleisten.

Dieses Hinterbein außerhalb der tragenden Belastung zu halten erreicht es, indem es Hals, Genick und Rückenseite so an- und gegenspannt, dass sein schwaches Hinterbein frei von der Hauptkörperbelastung wird und dadurch, oft verbunden mit gesteiften Gelenken, in die Lage versetzt wird, außerhalb der Körperfläche zu treten. In der Ausbildung ist gerade dieses Gegenstellen des Halses und Genicks ein großes Problem. Die richtige Halsstellung - verbunden mit der Nachgiebigkeit von Hals, Genick und Maul - ist ohnehin das Hauptproblem beim Reiten. Auch Gustav Steinbrecht stellte fest, dass in der Bearbeitung des Halses große Fehler gemacht werden können. Gerade in der heutigen Zeit werden fragwürdige Methoden herangezogen, um diesem Problem entgegen zu treten, z. B. durch den Gebrauch von Schlaufzügeln oder der so genannten „Rollkur". Aber auch die Flexionierung des Halses nach oben, die erneut in Mode zu kommen scheint, stellt eine bedenkliche Entwicklung dar. Neu sind die Abwege in der Pferdausbildung nicht - die Geschichte der Reiterei ist voll von zweifelhaften Methoden wie die folgende Textstelle zeigen soll:

„... so ist es doch töricht, zu glauben, daß gewaltsame Anwendung dieser Hilfen die Bearbeitung abkürzen könne. Ihr Missbrauch wird vielmehr zu Widersetzlichkeiten führen, die das Pferd entweder verderben oder ganz aus der Gewalt des Reiters bringen. Beweis hierfür werden uns nur zu oft durch rüde Reiter geliefert, die sich durch ihre physische Kraft Stellungen

und Lektionen erzwingen, für die sie das Pferd nicht genügend vorbereitet haben. Gutmütige und schwache Tiere richten sie in kurzer Zeit gänzlich zugrunde, edle und kräftige aber machen sie widerspenstig und boshaft." Gustav Steinbrecht „Gymnasium des Pferdes", S.158

Auf die Halswirbelsäule

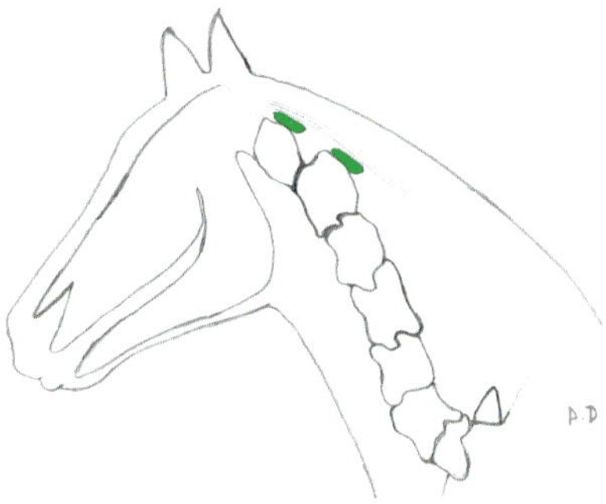

Die Halswirbelsäule des Pferdes beschreibt eine „S"- Form. Diese „S" Form sorgt nicht nur für eine gute Bewegungsfähigkeit, sondern birgt dadurch auch ein paar Tücken, wenn wir das Pferd in Anlehnung reiten wollen. Frei in seiner natürlichen Haltung dient der Hals des Pferdes der Balance. Das Reitpferd soll hingegen den Hals bereitwillig seinem Reiter überlassen.

Mal abgesehen davon, dass wir dem Pferd durch die Anlehnung, verbunden mit der nötigen Hinterhandaktion, die Möglichkeit der sofortigen Flucht nehmen, haben wir nicht nur mental Schwierigkeiten seine Kopf und Halshaltung immer in der gewünschten Haltung zu halten. Die Halsmuskulatur ist in der Regel beim jungen Pferd noch nicht gut ausgebildet. Betrachten wir dazu die junge Stute Rubinie in ihrem ersten Ausbildungsabschnitt, so lässt sich unschwer erkennen, dass der Übergang vom Hals zum Widerrist wenig bemuskelt ist.

Rubinie's Oberlinie zeigt ganz deutliche Schwächen, gut zu erkennen an der fehlenden Muskulatur im Übergang vom Widerrist zum Hals.

Ein paar Jahre später präsentiert die Stute uns ein ganz anderes Bild. Die Oberlinie hat deutlich an Muskulatur dazu gewonnen.

Ganz anders zeigt sich Rubinie's Oberlinie einige Zeit später. Deutlich ist der Muskelzuwachs im Übergang Widerrist Hals zu erkennen.

Es muss die Aufgabe einer vernünftigen Gymnastizierung sein, dieser Schwachstelle entgegen zu wirken, und dadurch die Oberlinie des Pferdes zu stärken. In den meisten Fällen ist bei einer schwachen Oberlinie die Unterhalsmuskulatur, bedingt durch die zu unterstützende Krümmung und die Entfernung zum einzelnen Wirbel, gut entwickelt.

Sollte eine Remonte (ein junges Reitpferd) diese augenscheinliche Muskelproblematik von Oberlinie zum Unterhals nicht vorweisen, so bedeutet das noch lange keine Entwarnung. Durch das Zusatzgewicht des Reiters wird der Halsansatz zum Widerrist immer eine Schwachstelle auf dem langen Weg zur „künstlichen Gleichgewichtsrichtung“ darstellen. Das ist auch ein Grund für ein vernünftiges Vorwärts- und Abwärtsreiten des Pferdes. Die Halswirbelsäule soll dabei möglichst geraden Verlauf erhalten, damit die Oberlinie sich aufwölben kann.

Der PRE Hengst Astuto in der Dehnungshaltung

Auf Genick- , Kiefer –und Gelenkverbindungen

Es kommt sehr häufig vor, dass sich Pferde, zusätzlich zum Hals, auch noch in Genick und Kiefer fest machen, um den Hinterfuß auf der Schubseite herauszustellen. In unserem Fall ist links die Schubseite.

Interessanterweise drehen viele Pferde hinten links die Gelenke beim Auffußen von innen nach außen und erhöhen so die schiebende Wirkung. Dadurch wird es fast unmöglich, die Gelenke beim Auffußen auf den Boden zu biegen und nachgiebig zu bekommen. Das Pferd muss zunächst also lernen, das schiebende Hinterbein in seinen Gelenken gerade aufzusetzen, bevor daran zu denken ist, die Nachgiebigkeit der Hanken zu verlangen. Ein Thema, das ich hier nicht vertiefen werde.

Die Auswirkungen der „Vorderlastigkeit" und der „natürlichen Schiefe" auf gebogenen Linien

Es ist schon schwierig genug, das schiefe und vorderlastige Pferd geradeaus zu manövrieren. Wenn wir es nun auch noch auf gebogenen Linien bewegen und wenden wollen, wird die Motivation unseres Vierbeiners zusätzlich vermindert.

Gebogene Linien unterliegen den Gesetzmäßigkeiten der Zentrifugalkräfte.
Auf jeden bewegten Körper wirken diese Kräfte, sobald dieser sich auf eine Kreislinie begibt. Für Pferd und Reiter bedeutet das eine erhöhte Schwierigkeit, den Körper in der Spur zu halten, und dabei eine gleich bleibende Geschwindigkeit zu bewahren. Jeder von uns kann sicherlich einige Beispiele finden, wo ein Zirkel eher einem Ei glich, man beim Wechsel der Bahnpunke selten richtig ankam, usw.
Selten lag es am fehlenden Willen des Reiters, es richtig hinzubekommen, und noch weniger daran, dass unser Pferd nicht wollte, es konnte schlichtweg nicht gelingen. Bevor ein Pferd nicht geradegerichtet ist, wird es nicht im Stande sein schöne runde Zirkel zu gehen oder tief in die Ecke zu kommen. Auch werden uns einfache Schlangenlinien an der langen Seite immer Probleme bereiten, besonders beim Umstellen.

»Ein Körper mit der Masse „m" soll sich mit konstanter Geschwindigkeit „v" auf einer Kreisbahn mit dem Radius „r" bewegen; für ein im Kreismittelpunkt ruhendes Koordinationssystem ist der zum Massenpunkt idealisierte Körper im Gleichgewicht. Die vom Massenpunkt zum Zentrum wirkende Kraft nennt man Zentripetalkraft, die radial nach außen wirkende Zentrifugal- oder Fliehkraft (Betrag k = m * v 2 * r - 1).

Volkslexikon, Fackelverlag 1975, S. 652

In korrekter Längsachsenbiegung

Es ist gut zu erkennen, wie Camaro hier in der gewünschten Haltung sich auf einer gebogenen Linie verhält. Sein jeweiliges inneres Hinterbein tritt diagonal unter seinen Körper, die Kruppe neigt sich korrekt zur inneren Seite, Kopf und Hals befinden sich ebenfalls in der richtigen Innenstellung.

Wir müssen uns Folgendes vor Augen halten.
Bedingt durch seine vier Beine, ist der Weg des äußeren Beinpaares länger als der Weg des inneren Beinpaares. Ein Pferd, das jedoch tatsächlich innen kürzer tritt als außen, würde uns dazu veranlassen, einen Tierarzt zu rufen. Wir müssten ja annehmen, dass das Pferd lahmt, wenn ein Bein kürzer tritt.

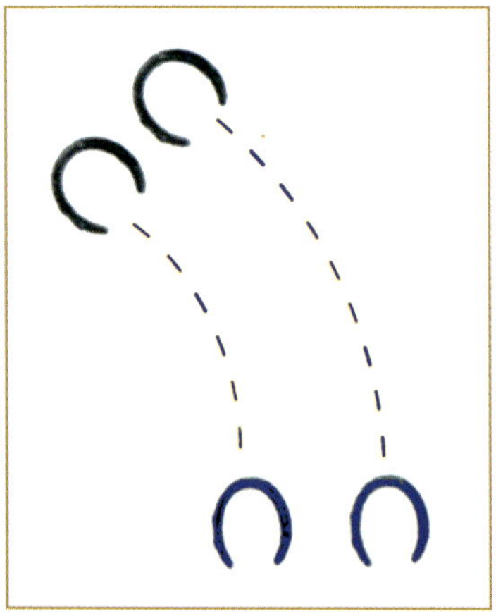

Ein Pferd, das auf beschriebene Art lahmt, ohne dass es dafür eine medizinische Erklärung gibt, geht im Volksmund „zügellahm".

Der ideale Linienverlauf

Die Lösung für den Lienenverlauf auf der Gebogenen ist zu suchen im Untertreten des inneren Hinterfußes unter den Pferdekörper. Das bedeutet, dass der innere Hinterfuß nicht der Kreislinie des inneren Vorderfußes folgen kann.
Er muss die Richtung zum äußeren Vorderbein einnehmen.
Der Weg des äußeren Hinterfußes wird beibehalten und bildet den Gegenhalt zum inneren Hinterfuß.

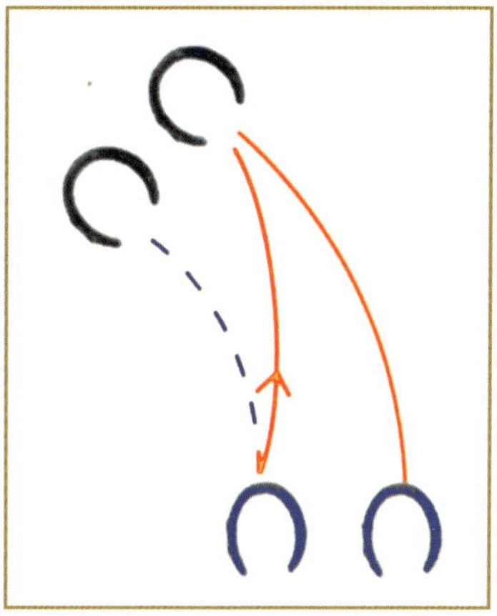

Solange ein Pferd also noch nicht geradegerichtet ist, wird es sich auf gebogenen Linien nicht nach unseren Wünschen richten, sondern seiner „Natur" folgen. Daraus ergeben sich unterschiedliche Verhaltens- und Bewegungsmuster, je nachdem, ob es sich um Links- oder Rechtswendungen handelt.

Wendungen auf der linken Hand

Befindet sich das Pferd nun auf einer Kreislinie links herum, so gibt es für das Pferd, was rechts trägt und links schiebt, zwei Möglichkeiten, um diese Kreislinie zu bewältigen. Da es ja noch nicht „geradegerichtet" ist, wird unser vorderlastiges und schiefes Pferd auch nur vorderlastig und schief eine Wendung nehmen können.
Das hat zur Folge, dass unser Pferd entweder über die rechte Schulter ausfällt oder hin zur linken Seite drückt.

Beide Möglichkeiten wird es abwechselnd nutzen.
Unser Pferd folgt seiner „natürlichen Richtung",
die ihm bestimmte Handlungsabläufe vorschreiben.

a) Das Ausweichen über die rechte Schulter (A) hat zur Folge

- Der rechte Hinterfuß gerät in den Wendungen stärker unter den Pferdekörper
- Der linke Hinterfuß fußt hingegen links neben dem Körper auf
- Das Körpergewicht gerät vermehrt in die Richtung zur rechten Schulter
- Verstärkt wird dies durch die wirkenden Zentrifugalkräfte

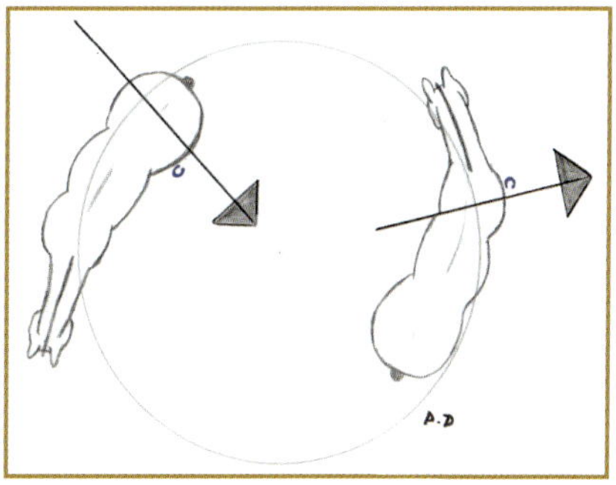

b) Das Gegenfallen des inneren Hinterfußes (B) zur linken Seite hat zur Folge

- Das Pferd drängt nach innen
- Der linke Huf fußt vermehrt nach links und die Kruppe gerät so vermehrt nach innen.
- Kopf- und Halsstellung sind oft dagegen nach außen gerichtet
- Das Pferd drückt gegen die wirkende Zentrifugalkraft

Wendungen auf der rechten Hand

Betrachten wir das schiefe und vorderlastige Pferd nun in einer Rechtswendung, ergeben sich zwei Möglichkeiten für das rechts tragende und links schiebende Pferd, diese Bewegung auszuführen.
Entweder es weicht nach außen über seine linke Kruppe aus oder es drängt mit der rechten Schulter nach innen.

a) Das Ausweichen über die linke Kruppe hat zur Folge

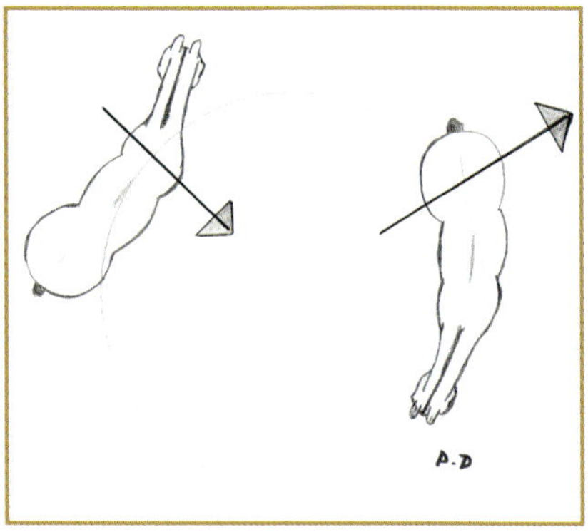

- Der rechte Hinterfuß befindet sich nach wie vor unter dem Pferdekörper, der linke drängt hingegen mit zunehmender Biegung nach außen
- Verstärkt wird dieser Effekt durch die wirkenden Zentrifugalkräfte

b) Das Gegenfallen zur rechten Schulter hat zur Folge

- Dass sich der rechte Hinterfuß unter dem Körpergewicht befindet, während der linke nach außen tritt und sich vom Schwerpunkt wegbewegt
- Das Pferd drängt gegen die Zentrifugalkraft und belastet vermehrt seine rechte Schulter

Zusammenfassend lässt sich sagen:
Solange es sich noch in seiner „natürlichen Gleichgewichtsrichtung" befindet, wird ein Pferd, das rechts trägt und links schiebt, grundsätzlich mit der Schulter nach rechts und mit der Kruppe nach links weichen - egal, auf welcher Hand es sich befindet.

Wie kommt es dazu, dass wir Pferde überhaupt reiten können?

Denn so selbstverständlich ist das nicht. Löwen und Zebras werden nicht geritten, kräftemäßig könnten diese Tiere uns schon tragen, aber sichere Partner würden sie wohl nie werden. Eigentlich ist es doch unglaublich, dass wir uns ausgerechnet auf den Rücken eines Pferdes schwingen können und dort auch noch Einfluss auf seine Körperhaltung inklusive seiner Bewegungen nehmen können. Selten machen wir uns darüber Gedanken, was wir da eigentlich vom Pferd erwarten, das uns so ohne weiteres seine Kräfte zu schenken scheint, und uns sein Leben anvertraut. Dass dies überhaupt möglich ist, verdanken wir unter anderem einem natürlichen Instinkt dieses Tieres:

Dem Weichen auf Druck. Sämtliche reiterlichen Hilfen, Schenkel-, Zügel- und Gewichtshilfen, basieren auf genau diesem Naturinstinkt.

Das Zusammenspiel und die Feinabstimmung dieser Druckmechanismen ergeben nach und nach das ins „künstliche Gleichgewicht" gerichtete Pferd. Und erst dann kann die Rede von einem Reitpferd im klassischen Sinne sein: Einem Pferd, das seinen Schwerpunkt auf die Hinterhand verlagert hat, gerade gerichtet ist und in Selbsthaltung unter dem Reitergewicht ausbalancierte Bewegungen zeigt.

Astuto in der Piaffe. Geradegerichtet und in den Hanken gesetzt, das Ergebnis einer systematischen Gymnastizierung.

Spaß und Freude - das Ergebnis ein
gut durchdachten Dressurarbeit in
klassischen Sinne

Auch wenn die Theorie derweilen anstrengt und langweilig sein kann, müssen wir uns ernsthaft mit den Ausprägungen des „natürlichen Gleichgewichtes“ befassen, wenn wir die Hindernisse auf diesem langen Weg der Pferdeausbildung auch inhaltlich begreifen wollen. Wir sollten uns darüber im Klaren sein, die Reitkunst wurde getrieben durch den Überlebenswillen des Menschen. Wollen wir das Pferd als Reitpferd für uns nutzen, so sollten wir uns vergegenwärtigen, dass ein Pferd ca. 500 kg Lebendgewicht und mehr mit sich trägt. Die gilt es zu beherrschen. Es betrifft nicht zuletzt unsere eigene Sicherheit, das Pferd sollte außerdem keinen Schaden an Leib und Seele erleiden müssen. Ein großes anzugehendes Vorhaben, aus einem Pferd ein Reitpferd zu erschaffen.
Die Aufgabe wird sein, die „Vorderlastigkeit“ und „natürliche Schiefe“, durch die Ausbildung weitestgehend zu beheben. Ein Aufwand, der vergleichbar ist mit dem Training, das wir benötigen würden, um mühelos einen Spagat zu zeigen.

Und das heutige Ziel ist nicht weniger bedeutend als das unserer Vorfahren:
Ein Reitpferd, mit dem wir die Freude an der Bewegung teilen können.

Aus Wissen folgt Können
und aus Können folgt die Kunst.

Erfahrungsberichte von „Fellsattelpferden“

Das Pionierpferd

Eadaoin, kurz Fonti

Selbstverständlich gehört zu jeder schönen Theorie auch die passende Praxis. Ohne dass es eigentlich meine Absicht war, entwickelte sich aus der „Fellsattelreiterei“ die Idee zu diesem Buch. Ich sammelte über die Jahre hinweg die unterschiedlichsten Erfahrungen in der Aus - und Weiterbildung von Pferd und Reiter. Ich möchte Ihnen meine Erkenntnisse schildern und vielleicht kann ich Sie einladen, sich neuen Erfahrungen zu öffnen.

Das Pionierpferd

Beginnen möchte ich mit der Trakehnerstute Eadaoin kurz „Fonti“ genannt. Mit diesem Pferd begann meine Fellsattelreiterei.

Eadaoin, kurz Fonti

Wie ich ja eingangs schon erwähnte, meine Idee war es ursprünglich nicht, ein Pferd mit Fellsattel zu reiten, geschweige denn es damit auszubilden. Mit der Trakehner Stute Eadaoin durfte ich dem Fellsattel zum ersten Mal begegnen.

Der Neubeginn nach langer Krankheit

Fonti hatte einen guten Start in die Reitpferdelaufbahn. Als sie sich dann, fünfjährig, schwer verletzte, schien dieser Weg für sie beendet zu sein. Ganze zwei Jahre sollte diese krankheitsbedingte Pause dauern, in der das Pferd überwiegend stehen musste. Als Fontis Besitzerin Petra vom Tierarzt grünes Licht bekam und wir das Training wieder aufnehmen konnten, standen wir vor einem ziemlich großen Problem.
Fontis Sattel passte nicht mehr. Ein Sattler kam und versicherte uns: „Kein Problem, in drei Tagen erhalten Sie ihn passend zurück.“ Er hielt sein Wort, nach drei Tagen hatten wir tatsächlich den Sattel wieder, aber die Stute wollte partout nicht unter ihrem Sattel laufen. Wir sahen das Problem natürlich nicht nur im Sattel begründet. Fonti war in ihrem ganzen Körper steif und lief schon beim Führen, ohne Reiter auf ihrem Rücken, mehr schlecht als recht. Sie ohne Sattel zu reiten war noch am Besten. Also kam der Ledersattel erst mal unbenutzt in den Sattelschrank zurück.

Anfangs konnten wir ja nicht viel machen, ein bisschen Schritt, gelegentlich eine lange Seite Trab, und fertig.
Mit der Zeit, und der Steigerung des Trainingspensums, vermissten wir aber schon die Möglichkeit, die Stute leicht traben zu können, und es kam auch schon mal vor, dass unsere Fonti den einen oder anderen Freudensprung unternahm. Eben alles Situationen, in denen jeder Reiter einen guten Ledersattel mit Baum zu schätzen weiß. Petra überlegte, ob wir vielleicht einen Arbeitssattel für Rennpferde nehmen sollten. Sie wusste, dass ich einen solchen besitze; allerdings wusste sie auch, dass es sich bei dem guten Stück um ein Erbstück meines Vaters handelte, und den verlieh ich nur äußerst ungern.

Petra hatte da die passende Lösung. Ich dachte zunächst, das sei ein schlechter Scherz, als ich den Fellsattel zum ersten Mal im meinem Leben sah. Aber Petra war nicht zum Scherzen zumute. Sie meinte es ernst.

Auch wenn ich der ganzen Sache kritisch gegenüberstand, fiel mir nichts Besseres ein, als es mit dem Fellsattel zu probieren. Es war schon ungewohnt, das gebe ich zu. Ich war es ja gewohnt Pferde ohne Sattel zu reiten, aber der Fellsattel fühlte sich an wie irgendwas zwischen reiten mit und ohne Sattel. Dieses anfängliche Gefühl verschwand allerdings sehr schnell, ohne dass es mir auffiel. Meine Wahrnehmung konzentrierte sich schnell auf das Pferd.

Schief und vorderlastig

Unsere Fonti war zwar wieder gesundheitlich in Ordnung, aber das ewig lange Stehen hatte seine Spuren hinterlassen. Sie war extrem schief, steif und vorderlastig.

Als wir dann mit der Galopparbeit beginnen konnten, äußerte sich ihr eigentliches Problem. Die Mechanik des linken Hinterbeines war sehr gewöhnungsbedürftig. Nicht nur, dass dieser weit vom Körper weg fußte, drehte sie das Hinterbein rotationsartig nach außen.

Es dauerte eine geraume Zeit, bis sich diese eigentümliche Bewegung halbwegs normalisierte.

Aber nicht nur im Galopp wartete ein Stück Arbeit auf uns, auch der Trab war schlecht: Vorderlastig - und gelegentlich gesellten sich auch schwere Taktfehler hinzu.

Bestandteile der Gymnastizierung

Fonti musste vor allem lernen, ihre Hinterbeine nicht schneller abwärts zu bewegen, als sie diese empor gehoben hatte. Der Fellsattel stellte sich als sehr hilfreich heraus, denn die Hilfenübertragung war direkter.
Die Entwicklung vom vorderlastigen Pferd hin zu einem Pferd, das den Schub aus der Hinterhand zu entwickeln weiß, war so fühlbar einfacher, als wir es vermutet hätten.

Von der Remonte Haltung hin zur ersten Versammlung

Wesentliche Bestandteile der Gymnastizierung waren zum einen die Seitengänge, die gerade dem linken Hinterbein der Stute die nötige Mobilisierung garantierten, als auch die kurzen Tritte, die später in der Piaffe enden sollten.

Lassen Sie mich Ihnen zunächst die Erarbeitung der Traversalen* am Bild zeigen. Bevor ich mich den kurzen Tritten zu wenden werde.

Fonti musste lernen, ihre Beine nicht nur vorwärts, sondern auch seitwärts zu bewegen, dazu eignet sich sowohl das Schulterherein, als auch die Traversale. Schenkelweichen zählt nicht zu den Lektionen der klassischen Reitlehre, können aber bei dem einen oder anderen Pferd als Korrektur von Vorteil sein. Nicht so bei unserer Fonti.
Es stellte sich heraus, dass gerade die Traversalen dem Pferd sehr geholfen haben, ihre Hinterbeine zu mobilisieren.

* Die Traversale ist eine vorwärts- seitwärts – Bewegung, bei der das Pferd in die Bewegungsrichtung gestellt und gebogen ist, und dabei jeweils die Vorder- bzw. Hinterbeine überkreuzt.

Von der „kleinen“ Traversalverschiebung hin zur ausdrucksstarken Traversale

Aber nicht nur die Seitwärtsbewegung der Hinterbeine war wichtig, auch die Aufwärtsbewegung musste Fonti lernen. Am Anfang war es mir nicht wichtig, dass die Stute auch Last aufnahm. Es ging viel mehr darum, dass die Stute lernte, auf leichten Wadendruck ihre Hinterbeine zu erheben. Erst nach und nach entwickelte sich daraus eine vermehrte Lastaufnahme der Hinterhand durch das Herantreten der Hinterbeine Richtung Vorhand und die damit verbundene Senkung der Hinterhand.

Wir hatten viel erreicht - und das alles ausschließlich geritten im Fellsattel.

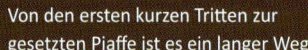

Von den ersten kurzen Tritten zur gesetzten Piaffe ist es ein langer Weg.

Die Fragen der Stallgemeinschaft

Wir wurden anfangs selbstverständlich mit vielen ungläubigen Blicken betrachtet und oft wurde ich gefragt: „Ist das nicht schädlich für den Rücken? Und wie ist der Halt?“
Zu der Frage der Rückenschädlichkeit habe ich immer gesagt: „Schau dir den Rücken von Fonti an. Von mir aus taste ihn ab und fühle selbst, ob du irgendeine Verspannung fühlen kannst.“
Keiner konnte die geringste Verspannung der Muskulatur feststellen.
Dazu kam die sehr gute Entwicklung der Oberlinie der Stute.

Fontis Gebäudeveränderung unter dem Fellsattel:

Hier ist die Trakehnerstute Fonti noch untrainiert.

So sieht kein Pferd mit Rückenschmerzen aus, oder!?

Besonders auffallend, die gut entwickelte Sattellage und der ausgeprägte Trapezmuskel

Aber es gab weitere Fragen:
„Ja, kann man in dem Sattel denn überhaupt Leichttraben?"
Auch darauf antwortete ich: „Ja! Schau dir doch an, wie locker die Stute unter dem Fellsattel trabt, wenn - wie hier - Petra leichttrabt."

„Sogar der Leichte Sitz ist kein Problem und die Stute wölbt den Rücken vorbildlich auf."

Die Zweifel blieben und so wurde ich auch gefragt:
„Ja, aber das ist doch keine Lösung für längere Zeit."

Ich antwortete darauf:

„Nun, Fonti wird seit vielen Jahren ausschließlich mit dem Fellsattel geritten. Den Ledersattel mit Baum hat Petra schon lange verkauft. Sie benutzt den Fellsattel auch im Gelände und das ein oder andere Hindernis wird auch übersprungen..."

Und dann die Frage nach der eigenen Sicherheit:

„Im Fellsattel hat der Reiter doch keinen Halt!?"

Auch darauf hatte ich eine Antwort:

„... das sichere Gefühl erhält der Reiter durch die Nähe. Im Fellsattel fühlt der Reiter alle Bewegungen seines Pferdes noch intensiver als im Ledersattel mit Baum. Hat man sich daran gewöhnt, kann es passieren, dass man nicht mehr auf diese Nähe zum Pferd verzichten möchte."

So erging es zumindest der Trakehnerstute Eadaoin und ihrer Besitzerin, inklusive meiner Person. Ich käme heute nicht mehr auf die Idee, Fonti mit einem Ledersattel mit Baum reiten zu wollen.

Die Entwicklung von Fonti im Bild:

Jungpferdeausbildung

Jungpferdeausbildung

Kein Pferd wird als Reitpferd geboren, es muss erst ausgebildet werden. Diesen Satz kann ich gar nicht oft genug wiederholen.

Jedem Reitpferd steht er also bevor, der erste Moment wo sich ein Mensch auf ihn setzen möchte.
Es gibt viele Möglichkeiten, ein Pferd schonend auf seine neue Aufgabe vorzubereiten.
Wer hierin viel Zeit und Geduld investieren kann, läuft am wenigsten Gefahr, schwerwiegende Fehler zu begehen.
Mein Mann und ich haben uns optimale Bedingungen geschaffen. Unsere Pferde wachsen im Familienverband, gehalten im Offenstall auf - und so haben wir jeden Tag Kontakt, auch zu unseren Youngstern. Ganz nebenbei lernen unsere Pferde, dass ein Mensch auf ihrem Rücken sitzen kann. Ich bevorzuge es, dieses erste „Anreiten“ in ihrer gewohnten Umgebung erfolgen zu lassen, ohne viel Drum und Dran. Ich lasse mich zunächst an das Pferd hochheben ohne aufzusitzen, nach und nach lege ich mich immer weiter mit meinem Oberkörper über den Pferderücken, bis ich das rechte Bein auf den Rücken lege und - last but not least - schwinge ich mich auf den Rücken... Für diese Arbeit nehmen wir uns sehr viel Zeit - mehrere Monate.
Entscheidend dabei: sobald das junge Pferd sich anspannt und andeutet „das mag ich aber nicht“ lasse ich ab. Auch verzichte ich auf sämtliche Hilfsmittel wie z.B. Halfter, Sattel usw.
Ich würde jetzt nicht soweit gehen, Ihnen zu empfehlen Ihr Pferd auch so an Ihr Reitergewicht zu gewöhnen. Denn es gehört schon sehr viel Erfahrung und Vertrauen zum betreffenden Pferd, sich ganz ohne alles darauf zu setzen. Bei unseren Pferden war dieses Vorgehen durchweg ungefährlich und stressfrei.

Das Vertrauen zueinander ist die beste Zukunftsinvestition

Bei Berittpferden gehe ich ähnlich vor. Das Wichtigste ist, das Ablassen der Berührung, wenn das Pferd signalisiert „Nein“. Oft geht der Mensch zu weit und überschreitet die Grenzen des Respekts. Einem Pferd ein gewisses Mitspracherecht einzuräumen, ist nicht gleichbedeutend damit, ihm alle Freiheiten zu überlassen. Will ein Pferd etwas nicht, sage ich nicht, du musst aber, weil... sondern ich verknüpfe meine Forderung. Um das einmal zu veranschaulichen, ein mögliches Szenario. Sie möchten Ihrem jungen Pferd eine Satteldecke auflegen, nur Ihr Pferd sieht überhaupt keine Veranlassung, das über sich ergehen zu lassen. Bei unseren Pferden gab es immer zwei Möglichkeiten der Verknüpfung. Entweder Lob durch Leckerli oder durch intensiveres Krabbeln. Wichtig ist die Freiwilligkeit - das bedeutet, wir halten unser Pferd nicht fest - es kann gehen, wenn es mag. Aber es kennt ja die Liebkosung seines Felles und verlangt danach immer, das gilt auch für die Leckerli. Unser Pferd sollte zuvor gelernt haben, dass es sich lohnt bei uns zu sein. Zunächst wird unser Pferd erschrecken und gehen, wenn wir ihm versuchen die Decke aufzulegen, aber es kommt wieder, da es ja gelernt hat - bei uns gibt es was. Jedes erneute Kommen belohnen wir wieder und kombinieren es mit der Decke. Es ist lediglich eine Frage der Zeit, dann klappt so etwas ganz problemlos. Das Pferd braucht Vertrauen in unser Handeln, das müssen wir uns aber auch erst verdienen.

Vielleicht kennen Sie ja die Geschichte „Der kleine Prinz“ (Le Petit Prince) von Antoine de Saint-Exupéry. Und die Textzeilen als der Kleine Prinz den Fuchs begegnet:

„Komm und spiel mit mir“, schlug ihm der kleine Prinz vor. „Ich bin so traurig ...“
„Ich kann nicht mit dir spielen“, sagte der Fuchs. „Ich bin noch nicht gezähmt!“
„Ah, Verzeihung!“ sagte der kleine Prinz.
Aber nach einiger Überlegung fügte er hinzu:
„Was bedeutet das: 'zähmen'?“
„Du bist nicht von hier“, sagte der Fuchs, „was suchst du?“
„Ich suche die Menschen“, sagte der kleine Prinz. „Was bedeutet 'zähmen'?“
„Die Menschen“, sagte der Fuchs, „die haben Gewehre und schießen. Das ist sehr lästig. Sie ziehen auch Hühner auf. Das ist ihr einziges Interesse. Du suchst Hühner?“
„Nein“, sagte der kleine Prinz, „ich suche Freunde. Was heißt 'zähmen'?“
„Zähmen, das ist eine in Vergangenheit geratene Sache“, sagte der Fuchs. „Es bedeutet: sich 'vertraut machen'.“

„Vertraut machen?“

„Gewiß“, sagte der Fuchs. „Noch bist du für mich nichts als ein kleiner Junge, der hunderttausend kleinen Jungen völlig gleicht. Ich brauche dich nicht, und du brauchst mich ebenso wenig. Ich bin für dich nur ein Fuchs, der hunderttausend Füchsen gleicht. Aber wenn Du mich zähmst, werden wir einander brauchen. Du wirst für mich einzig sein in der Welt. Ich werde für dich einzig sein in der Welt ...“

„Ich beginne zu verstehen“, sagte der kleine Prinz. „Es gibt eine Blume ... ich glaube, sie hat mich gezähmt ...“

„Bitte ... zähme mich!“ sagte er.

„Ich möchte wohl“, antwortete der kleine Prinz, „aber ich habe nicht viel Zeit. Ich muß Freunde finden und viele Dinge kennen lernen.“
„Man kennt nur die Dinge, die man zähmt“, sagte der Fuchs. „Die Menschen haben keine Zeit mehr, irgendetwas kennen zu lernen. Sie kaufen sich alles fertig in den Geschäften. Aber da es keine Kaufläden für Freunde gibt, haben die Leute keine Freunde mehr. Wenn du einen Freund willst, so zähme mich!“
„Was muß ich da tun?“ sagte der kleine Prinz.
„Du mußt sehr geduldig sein“, antwortete der Fuchs. „Du setzt dich zuerst ein wenig abseits von mir ins Gras. Ich werde dich so verstohlen, so aus dem Augenwinkel anschauen, und du wirst nichts sagen. Die Sprache ist die Quelle der Mißverständnisse. Aber jeden Tag wirst du dich ein bißchen näher setzen können ...“
Am nächsten Morgen kam der kleine Prinz zurück.
„Es wäre besser gewesen, du wärst zur selben Stunde wiedergekommen“, sagte der Fuchs. „Wenn du zum Beispiel um vier Uhr nachmittags kommst, kann ich um drei Uhr anfangen, glücklich zu sein. Je mehr die Zeit vergeht, um so glücklicher werde ich mich fühlen. Um vier Uhr werde ich mich schon aufregen und beunruhigen; ich werde erfahren, wie teuer das Glück ist. Wenn du aber irgendwann kommst, kann ich nie wissen, wann mein Herz da sein soll ... Es muß feste Bräuche geben.“
„Was heißt ‘fester Brauch’?“ sagte der kleine Prinz.
„Auch etwas in Vergessenheit Geratenes“, sagte der Fuchs. „Es ist das, was einen Tag vom andern unterscheidet, eine Stunde von den andern Stunden. Es gibt zum Beispiel einen Brauch bei den Jägern. Sie tanzen am Donnerstag mit den Mädchen des Dorfes. Daher ist der Donnerstag der wunderbare Tag. Ich gehe bis zum Weinberg spazieren. Wenn die Jäger irgendwann einmal zum Tanze gingen, wären die Tage alle gleich und ich hätte niemals Ferien.“

So machte denn der kleine Prinz den Fuchs mit sich vertraut.“

Antoine de Saint-Exupery, „Der kleine Prinz“, Karl Rauch Verlag 1998, S.66-70

Die Geschichte wurde von mir ausgewählt, weil ich sie passend zu meinen Ausführungen finde. Wollen wir nicht das Pferd zum Partner? Oder möchten Sie einen Partner, der, etwas provokant ausgedrückt, dem „Kadaver – Gehorsam“ unterliegt. Machen Sie sich Ihrem Pferd vertraut- und erst dann fordern Sie den gerechten Gehorsam - mit Geduld und Verstand.
Denn was das Pferd versteht und was ihm gut tut, wird es gerne machen.

So ein Vorgehen basiert, wie gesagt, auf der Freiwilligkeit des Pferdes, die sich immer positiv an unseren Wünschen orientieren wird, wenn wir die nötige Zeit verbunden mit den richtigen Handlungen beherzigen.

Für die ersten Schritte auf dem Pferderücken bevorzuge ich den nackten Pferderücken, da ich so jede Bewegung fühlen kann. Merke ich eine Verspannung, steige ich ab bzw. rutsche runter. Da das Pferd im Vorfeld gelernt hat, dass es ausreicht sich kurz anzuspannen, brauche ich nicht erwarten, dass mein Youngster aus dem Nichts losbocken wird. Sollte es wider Erwarten doch passieren, bin ich sehr schnell runter vom bockenden Pferd, das ist sehr wichtig, um Verletzungen zu vermeiden. Aber, wie schon erwähnt, in meiner ganzen Laufbahn habe ich das zweimal erlebt und da waren wir, sprich Besitzer und ich, nicht gründlich genug in der Vorbereitung. Jeder Ausbilder wird unterschiedliche Vorlieben beim Anreiten junger Pferde haben. Die beschriebene Art und Weise gehört zu den Meinen.

Eines wird aber allen Ausbildern - ob Profi oder Amateur- gemeinsam sein: sie müssen einen passenden Sattel für das junge Pferd finden.
Wir wissen, wie wichtig es ist, dass ein Pferd lernt, sich unter dem ungewohnten Druck des Sattels wohl zu fühlen. Das wird schwer zu erreichen sein, wenn der Sattel nicht passend ist. Darüber hinaus ist uns aber auch bewusst, dass unser Pferd sich verändern wird. Die Sattellage ist noch nicht fertig ausgebildet. Es wird zu erwarten sein, dass unser Pferd seine Bemuskelung verbessern wird.

Zu diesem Zeitpunkt also einen teuren Sattel zu kaufen, das versuchen viele Besitzer zu umgehen, indem sie sich auf dem Gebrauchtmarkt nach günstigen Sätteln für den Übergang umsehen. Auch ist es sehr beliebt, den nicht ganz optimal sitzenden Sattel mit irgendwelchen Pads zu unterfüttern.

Der Forderung nach optimalen Arbeitsmaterialien stehen schlichtweg den der wirtschaftlichen Überlegungen im Weg und irgendwie gewöhne sich Pferd fast an alles, so hat man zumindest oft das Gefühl.

Einzig die weißen Haare mancher Widerriste sind Zeugen vergangener Sattel- Eskapaden.

Ich betonte ja schon mehrfach, dass ich kein Pferd wissentlich mit einem nicht passenden Sattel reiten würde, dann lieber ganz ohne.

Fleur

Ein Pony am Start seiner Reitpony Chargiere.

Ein Sattel für ein Pony

Für ein Pony einen passenden Sattel zu finden ist für viele Ponybesitzer ein großes Problem.

So auch für Alex, der Besitzerin der Reitponystute Fleur. Alex hatte einen guten Ledersattel - den der Mutterstute. Sie hoffte, dass der Sattel sowohl der Tochter wie auch der Mutterstute passen würde. Aber wie das Leben so spielt, er passte nicht und es sah auch nicht so aus, als dass er für Fleur passend gemacht werden könnte. Zumal dann die Mutterstute ja auch keinen Sattel mehr hätte.
Fleur benötigte nun also einen eigenen Sattel. Für ein Pony einen passenden gebrauchten Sattel zu finden, ist nicht so einfach. Er darf nicht zu lang sein, so wie es aber bei den meisten gebrauchten Sätteln der Fall ist.
Dabei müssen wir uns ein wenig mit der Anatomie des Pferdes auseinandersetzen.

Die Wirbelsäule des Pferdes besteht aus 7 Hals-, 18 Brust-, 6 Lenden-, 5 Kreuz- und 18-21 Schweifwirbeln.
Für die Sattelauflage ist es sehr wichtig, dass die Sattelkissen nicht zu weit in die Lendenwirbelsäule reichen, da die Lendenwirbelsäule über Querfortsätze verfügt. Die Auflage eines Sattels in diesem Bereich schränkt die Rückenmuskulatur ein. Der Rückenmuskel wird quasi eingequetscht, zwischen Sattel und den Querfortsätzen der Lendenwirbelsäule.

Nicht ganz unwichtig ist es zu wissen, dass die Kreuzwirbel des Pferdes im Laufe der Zeit zu einem unbeweglichen Knochen verschmelzen. Dieser Vorgang ist erst mit dem 4. bis 5. Lebensjahr abgeschlossen. Dieser Umstand ist zwar nicht für die Sattellage entscheidend, aber vielleicht sollten wir alle mal den idealen Zeitpunkt zum Anreiten nach hinten korrigieren. Das Anreiten eines Pferdes mit Erreichen des dritten Lebensjahres erachte ich als zu verfrüht. Vor dem vierten Lebensjahr reite ich kein Pferd an.

Ein weiteres Problem ist die Kammerweite, sie bestimmt die Breite der Sattelkammer im Bereich des Widerristes.
Ponys sind oft kurz und rund, zumindest ist das bei unserer Fleur so.

Rassetypisch für ein Deutsches Reitpony der kurze Rücken, auch der Ponyfellsattel ist noch zu lang. Da er aber über keinen Baum verfügt und so weder mit noch ohne Reiter eine Eigenbelastung auf der Lendenwirbelsäule erzeugen kann, wird das Pferd nicht mehr als etwas Flauschiges bemerken.

Die Anreitphase

Wir befanden uns ja bereits mitten in der Anreitphase und einigten uns darauf - bis wir einen passenden Sattel gefunden haben, reiten wir ohne.

Es klappte prima.
Ich hatte ja bereits einige Pferde mit dem Fellsattel geritten. Und so machte ich Alexandra den Vorschlag, lass uns doch mal den Fellsattel probieren.

Alexandra fühlte sich auf Anhieb wohl. Etwas wackeliger als der Ledersattel, aber wider Erwartens gab ihr der Sattel doch den nötigen Halt. Die Ponystute machte auch keine Anstalten, das ungewohnte Reiterlebnis mit dem Fellsattel negativ zu honorieren.

Auch als Alex begann leichtzutraben, war die Stute weder irritiert, noch verspannten sich ihre Bewegungen. Bedenken Sie, das Leichttraben war dem Pony bis dahin unbekannt.

Es ist natürlich wichtig, einiges zu beachten, wenn man im Fellsattel leichtraben möchte. Auch Alexandra erhielt eine kurze Einweisung in den richtigen Bügeltritt und konnte problemlos reiten.

Sie war so begeistert, dass sie auch ihre Candy, die Mutter von Fleur, mit dem Fellsattel ritt. „Das werde ich jetzt öfter tun und meine Ponystute Fleur wird weiter mit dem flauschigen Sattel geritten, bin mal gespannt was für Kommentare kommen werden, wenn wir über den Winter in der benachbarten Reithalle unser Können zum Besten geben werden ;-)“

Die Entwicklung von Fleur im Bild

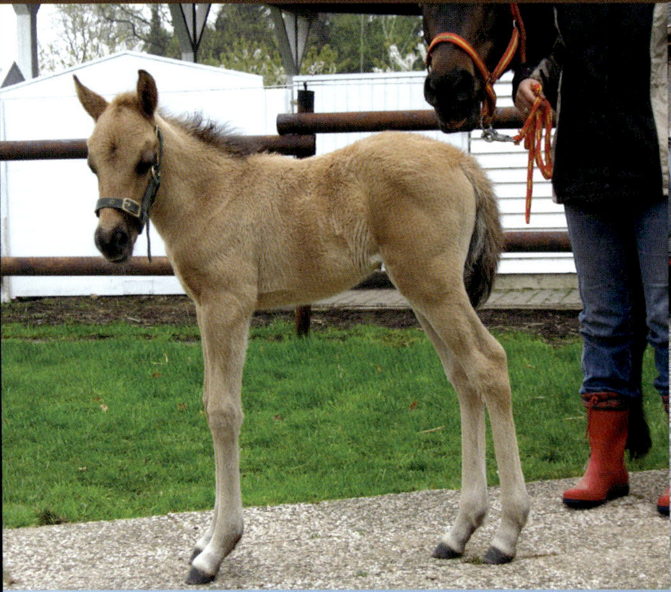
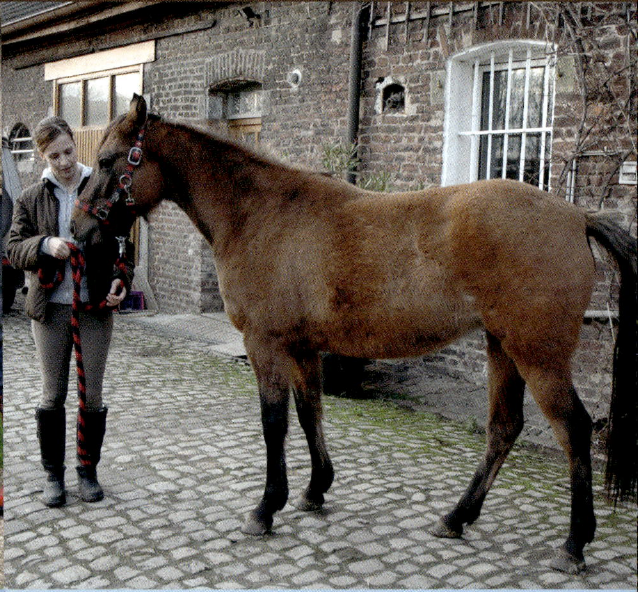

Camaro

Auch Camaro, ein PRE Wallach, besaß keine einfache Sattellage. Einen kurzen Rücken, versehen mit einem leichten Schwung.

Der nicht passende Sattel

Der Dressurledersattel mit festem Baum passte nach einer gewissen Zeit nicht mehr. So war es nötig, einen Fachmann zu bestellen. Ein Sattler machte sich an die Arbeit. Er versicherte nach gemachter Arbeit, dass der Sattel nun optimal passen würde. Überzeugend war das nicht, aber wenn man nun selbst nicht das Sattlerhandwerk erlernt hat, muss man auch mal dem Fachmann vertrauen können.

Sie kennen das „Vertrauen ist gut, Kontrolle ist besser." Camaro äußerte seinen Unmut, jetzt war es an uns, dieses Verhalten auch richtig zu interpretieren. Ihn ohne Sattel zu reiten, hielt ich für zu gefährlich. Er war sehr schreckhaft und überdies noch beweglich wie ein Aal. Seine Besitzerin, Michaela ist nicht sonderlich groß und verfügt somit nicht über ellenlange Beine, die auf sprungfreudigen Pferden von Vorteil wären.
Darin bestanden auch meine Bedenken in Bezug auf den Fellsattel. Wird Ela genug Halt haben, gibt er ihr die nötige Sicherheit?

Meiner Schülerin überlasse ich nun den Vortritt, lesen Sie ihre Erfahrungen.

Die Sattel Odyssee

„Wie fast jeder Reiter hegte ich den Wunsch nach dem perfekten Sattel, einem Sattel, der fürs Pferd angenehm und Rücken schonend sein wird, und für den Reiter optimal zu sitzen sein sollte. Leider gestaltete sich dies nicht so einfach, wie ich es mir erhoffte.
Die Tortur begann vor geraumer Zeit, als mein damals 6 jähriger Andalusier- Wallach Camaro aus seinem ersten Dressursattel herausgewachsen war. Der Sattel hatte bestimmt schon über 10 Jahre auf dem Buckel, aber bis dahin erfüllte er seine Dienste zu vollster Zufriedenheit auf den verschiedensten Pferden. Ich beanspruchte ihn zum Anreiten meines Pferdes und fühlte mich immer sehr wohl darin.
Als Camaro doch ein wenig an Muskeln zulegte, passte der Sattel nicht mehr so richtig und ich ließ einen Sattler kommen. Er erklärte mir, man müsse hier und dort etwas ändern, dann würde er wieder passen. Auch auf meine Frage, ob der Sattel dann vorerst einige Zeit einsetzbar sein würde, sagte er mir, dass es kein Problem sei und ich den Sattel auf jeden Fall erstmal einige Zeit nutzen könnte. Wobei mir natürlich bewusst war, dass sich ein junges Pferd von der Muskulatur noch stark verändert und dies keine Dauerlösung sein wird. Gesagt getan.
Nachdem ich den Sattel geändert wiederbekam, ritt ich meinen Camaro selbstverständlich damit. Es ging ca. eine Woche gut, zumindest brauchte ich so lange, um das wahrzunehmen, was geschah. Camaro lief von Tag zu Tag steifer und schien redlich unzufrieden. Da ich leider nicht sofort auf mein Pferd hörte, sondern vielmehr einem professionellen Sattler Glauben schenkte, machte ich mir zunächst nicht allzu große Gedanken. Bis sich schließlich auch in der Sattellage der nicht passende Sattel mit abgebrochenem Fell widerspiegelte. Ich ärgere mich heute noch, dass ich nicht besser auf mein Pferd gehört habe, denn aufgrund seines unmotivierten Verhal-

tens hätte ich dies eigentlich sofort erkennen müssen.
Ich rief also umgehend den Sattler an, um ihm unser Problem zu schildern. Er winkte sofort ab und meinte, dass es gut sein kann, dass der Sattel nun nicht mehr gut passte, da das Pferd anscheinend stark an Muskulatur zugenommen hatte. Damit sollte ich doch wohl rechnen und nun müsse ich mir am besten einen neuen Sattel kaufen.
Dann wünsche ich mir doch lieber einen ehrlichen Sattler, der mir von Anfang eröffnet, dass es nicht möglich sei, diesen Sattel für mein Pferd passend zu bekommen.
So, nun stand ich da, ohne Sattel und um ein paar hundert Euro leichter - und das innerhalb von einer Woche. Ich brauchte nun also einen Sattel, der am besten nichts kostet, und für die Dressur sowie auch fürs Gelände was taugt.
Meine Reitlehrerin kam damals auf die Idee, einfach mal den Fellsattel von meiner Stute auszuprobieren.
Cherry, meine Stute, ritt ich schon einige Zeit mit dem Fellsattel, da die alte Dame einen leichten Senkrücken besitzt, und ihr deshalb ein normaler Sattel mit Baum nicht mehr passt. Nun ist Cherry bereits etwas ruhiger, im Alter von 24 Jahren, somit war es kein Problem sie mit dem Fellsattel zu reiten. Daher schien mir die Idee nicht ganz so überzeugend für meinen Camaro zu sein. Auch meine Reitlehrerin begegnete dieser Idee mit Skepsis.
Denn Camaro war ein kleiner hibbeliger Spanier und dazu verfügte er über eine Bewegungskapazität, die einem Aal gleichkam.
Nun gut, wir versuchten es mit dem Lammfellsattel meiner Stute. Immer noch besser als ganz ohne Sattel oder vorerst gar nicht mehr reiten, denn Geld für einen neuen Sattel hatte ich leider spontan nicht übrig. Wir legten sodann den Fellsattel auf. Mit einem mulmigen Gefühl setzte ich mich auf Camaros Rücken. Was nun kam, scheint eigentlich unbeschreiblich zu sein. Camaro lief lockerer und zufriedener als je zuvor. Einfach nur traumhaft. Ich spürte jede Bewegung, jedes noch so kleine Muskelzucken. So eine Verbundenheit kann nur ein Zentaur nachvollziehen. Es war, als ob ich Camaro nur durch meine Gedanken leiten könnte, denn auch er nahm jede noch so leichte Gewichtsverlagerung von mir wahr. Es war einfach nur herrlich. Es schien mir, als würde Camaro ein scheinbar breites Grinsen in den Maulwinkeln haben. Meine Reitlehrerin und ich waren sehr erleichtert, dass es wider Erwarten so gut geklappt hatte. Die nächsten Wochen waren wirklich toll. Der Gedanke an einen neuen Ledersattel mit Baum war vorerst verschwunden. Camaro versuchte zwar ab und zu noch seinen „Autoskooter“, indem er sich mit mir durch die Bahn aalte. Aber auch das konnte ich in dem Fellsattel sehr gut ausgleichen.
Wir bekamen zunächst viele skeptische Blicke von anderen Reitern. Viele fragten, was das für ein seltsamer Sattel sei, und ob dieser baumlose Sattel nicht schädlich für den Pferderücken ist. Mir kamen natürlich auch einige Bedenken in Bezug auf den Fellsattel. Doch diese haben sich – wie sich herausstellte - mit der Zeit verworfen.
Was mir keinerlei Problem bereitet, ist, dass ich nicht vom Boden aus – wie üblich – aufsteigen konnte, da ich auch relativ klein gewachsen und ein wenig moppelig bin, so steige ich seit jeher

mit Aufstiegshilfe auf. Dies schont den Pferderücken und es ist für mich wesentlich einfacher. Selbst beim Ausreiten finde ich immer eine Möglichkeit zum Aufsitzen.

Was mir zudem noch einige unbekannte Muskeln in den Beinen verschafft hat, ist das etwas ungewohnte Sitzen, da ich in dem Sattel fast wie ohne Sattel sitze. Die Beine müssen hier etwas mehr zurück genommen werden, um gut im Gleichgewicht zu sein.

So, nun hatte sich der Fellsattel einige Monate auf dem Reitplatz beim Dressurtraining und im Gelände in allen Gangarten bewährt. Auch ein gleichmäßiges Leichttraben ist durch die Bügelaufhängung gar kein Problem.
Der Rücken von Camaro sah zu dem Zeitpunkt sehr gut bemuskelt aus, ohne jegliche empfindliche Druckstellen, was der Takt und die Losgelassenheit von Camaro unter dem Sattel auch noch bestätigten.
Leider nahte nun die Winterzeit - und da es damals im Offenstall ziemlich schwierig war, Camaro den ganzen Winter über regelmäßig zu trainieren, hatten wir ca. 3 Monate Winterpause. Camaro baute in diesem relativ harten Winter 2008 ziemlich ab. Somit beschlossen wir einen Umzug in eine nahe gelegene nette Stallgemeinschaft, mit täglichem Auslauf und Weidegang. Als das Wetter besser wurde, versuchten wir langsam das Training wieder aufzunehmen. Doch Camaro dachte gar nicht daran und lebte seine Flegelphase so richtig aus. Dies zeigte sich schon an der Longe mit Steigen und unkontrolliertem Davonstürmen. Er erschreckte sich vor allem und verknotete seine Beine so, dass er auf die Nase fiel.
Ich freute mich schon total darauf, ihn wieder zu reiten. Daher überkam mich immer mehr ein ungutes Gefühl, in dem Fellsattel nicht mehr sicher aufgehoben zu sein und die Sorge, dass ich seine Eskapaden nicht überleben würde. Dafür war die Winterpause einfach zu lang und meine Erinnerung an das damals gute Gefühl war stark verblasst.
Meine Reitlehrerin machte sich allerdings kaum Sorgen, was ich zu diesem Zeitpunkt natürlich absolut nicht verstand. Sie versuchte mich zu beruhigen und sagte immer wieder, „... auch wenn es noch so lange dauert, dass kriegen wir schon wieder in den Griff, wir haben ja Zeit und keinen Druck..."
Wieder in den Griff bekommen dachte ich, ja bestimmt - mit gebrochenem Genick!
Als sich meine Angst vermehrt verbreitete und ich kurz vor der Verzweiflung stand, kam mir eine grandiose Idee. Ich lasse mir nun endlich einen Maßsattel anfertigen. Denn die Sicherheit sollte natürlich vorgehen, so dachte ich es mir.
Es musste natürlich ein spanisches Modell sein, mit einer nicht allzu hohen Galerie, worin man aber dennoch einen festen und geraden Sitz hat. Der Termin mit der Sattlerei war schnell vereinbart. Auf der Equitana konnte ich mich ja schon ein wenig vorab informieren, so dass ich ja eigentlich nichts falsch machen konnte.
Der Sattler brachte ein ähnliches Modell mit, auf dem ich zuvor auf der Equitana Probe gesessen hatte. Toller Sattel, alles Bestens - fühlt sich sicher an - der wird's schon sein.

Ich ließ dabei aber völlig außer Acht, dass ich durch diesen Sattel sehr weit weg vom Pferderücken sitzen würde. Na ja, die richtige Entscheidung musste es doch sein, zumal es sich ja schließlich auch um einen Maßsattel handelte. Die Investition zahlt sich aus, da war ich mir sicher.
Nun hieß es nur noch 13 Wochen warten, bis der Sattel angefertigt war. 13 Wochen - eine verdammt lange Zeit.
Also trainierten Alex, meine Reitlehrerin, Camaro und ich nun regelmäßig mit der Longe und begannen langsam wieder mit dem Training unter dem Fellsattel.

Was auch Widererwarten sehr gut klappte. Ich biss mich durch, ohne zu merken, dass die Unsicherheit ganz allmählich verflog. Das Training wurde stetig besser. Auch wenn Camaro mal wieder unkontrolliert durchgehen wollte oder angestiegen war und drohte, dabei beinah umzukippen, hatte ich einen ungewöhnlich festen und sicheren Halt in dem Fellsattel.
Ohne es zu merken, war ich wieder hin und weg von dem Fellsattel. Die Krönung, unsere ersten Piaffetritte; bewusst konnte ich spüren wie die Hanken Last aufnahmen und Camaro leichtfüßig zu schweben begann.

All das ohne Druck. Eine Gerte und gar Sporen brauchte ich nicht - es geschah nur durch den Versuch meines Pferdes, überschüssiges Adrenalin abzubauen. Ich bin zuvor noch nie piaffiert, mein Pferd nahm mich mit. Camaro hat nun höllischen Spaß an der Piaffe. Insbesondere, wenn er mal wieder einen zu gut gelaunten Tag hat.

Aber es kam auch der Tag meines Maßsattels. Lang ersehnt, traf er dann auch ein. Mensch, hab ich mich gefreut. Er sah optisch wirklich super aus, auch die Verarbeitung war vom Feinsten. Ich legte den Sattel auf, er passte wirklich wie angegossen und sah dazu traumhaft auf meinem Pferd aus. Was mich nur ein wenig stutzig machte, war der große Abstand zwischen Pferderücken und Sitzfläche, ob ich dort einen guten Kontakt zu Camaro haben würde?
Alex runzelte auch schon etwas die Stirn und konnte sich einige ironische Kommentare nicht verkneifen. „Mensch Alex“ - sagte ich, „der wird super zu sitzen sein, habe doch nicht umsonst so viel Geld und Zeit investiert.“
Mein Bauchgefühl übermittelte mir mittlerweile zwar auch schon etwas Ungutes, aber ich versuchte es galant zu überhören.
So, nun rauf aufs Pferd und testen. Doch was war nun? Wo war mein Pferd geblieben? Ich spürte rein gar nichts mehr, kam mir vor wie auf einem Thron. Ich saß – wie schon befürchtet - sehr weit weg vom Pferderücken. Auch Camaro fand es sichtlich unangenehm. Wir hatten keine Verbindung mehr. Camaro zackelte nervös auf der Stelle. Ein normales Vorwärtsgehen war nicht möglich. Ich bekam langsam auch schon „Muffensausen“, insbesondere dadurch, da ich mich in dem Sattel total unsicher fühlte. Ich fühlte nämlich mein Pferd nicht mehr. All seine Bewegungen kamen nicht bei mir an, wie auf einem Karussellpferd kam ich mir vor, nur war das Schnellerwerden auf meinem echten Pferd nicht spaßig.
Das Gewicht wurde durch den Sattel ungewohnt weit nach hinten verlagert, damit kam Camaro gar nicht zurecht. Er wurde nun richtig panisch, ich bekam ihn nicht mehr zum Stehen. Alex versuchte, ihn am Zügel zu halten und sagte, dass ich besser schnell runterspringen sollte. Was für mich durch die Galerie leider nicht so einfach war. Irgendwie versuchte ich mich schnell aus dem Sattel zu winden.

Puh, geschafft. Nun erstmal einen klaren Gedanken fassen. Was nun, noch einmal in diesen Sattel steigen? Nein, wir versuchten nun zum Vergleich den altbewährten Fellsattel. Schnell umgesattelt und aufgestiegen. Camaro blickte uns mit einem dankenden Blick an und lief so losgelassen wie immer, als ob nichts gewesen wäre.

Bestimmt wäre es für uns beide nur eine Gewohnheitssache gewesen. Doch wollte ich wirklich diese feine Verbindung zum Pferderücken aufgeben? Nein, diesmal hörte ich direkt auf mein Pferd und mein Bauchgefühl.
So eine harmonische Kommunikation wie in dem Fellsattel möchte ich nicht mehr missen. Das wäre wie heutzutage mit Buschtrommeln zu telefonieren. Die Entscheidung stand relativ

schnell fest, ich musste den Maßsattel wieder abgeben, wenn auch leider mit Verlust. Ich rief den Sattler an, um ihm die Situation zu schildern. Zunächst war er sehr sprachlos, da er so einen Fall bisher noch nicht erlebt hatte. Es hat noch nie jemand einen banalen Fellsattel einem Maßsattel vorgezogen. Trotz alledem war er jedoch sehr hilfsbereit und bot mir eine faire Lösung an. Ich konnte den Sattel – wie bereits erwähnt – mit Verlust zurückgeben.
Na ja, nun bin ich um eine Erfahrung reicher - und das, was ich dadurch gewonnen habe, ist für mein Leben unbezahlbar." Michaela.

Ela ist auch weiterhin sehr zufrieden mit ihrem Entschluss, ihren Camaro nur noch im Fellsattel zu reiten.
Er entwickelt sich zu einem zuverlässigen und durchlässigen Reitpferd und lernt stetig dazu, seine unspaßigen Flausen sind beinahe ebenso verflogen, wie das unsichere Gefühl seiner Reiterin.
Zudem wurde Ela an ihrem Stall zu einem Pionier. Viele Stallgenossen waren interessiert und wollten mal in dem Fellsattel sitzen. „So einen möchte ich auch für mich und mein Pferd...", eine Reaktion, die immer öfter zu hören war, und immer öfter sah man die „Fellsattelreiter" auf dem Reitplatz mit ihren Pferden arbeiten.

Die Entwicklung von Camarro im Bild

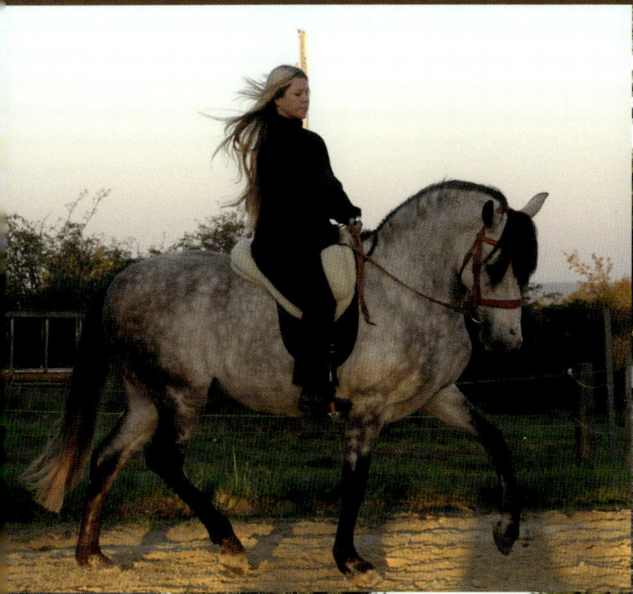

Rubinie

Mit der Warmblutstute Rubinie möchte ich Ihnen ein weiteres Pferd vorstellen, das nun ausschließlich mit einem Fellsattel geritten wird. Rubinie war erst leicht angeritten, als sie zu ihren Besitzern kam.

Das Traumpferd

Ein lang ersehnter Traum ging in Erfüllung.
Die Stute war völlig anders, als das Pony, das die Familie bis dahin geritten war. Ein Wagnis, vom gutmütigen Norweger umzusteigen auf ein temperamentvolles Großpferd.
Es herrschte allgemeine Einigkeit, dass es nicht so einfach sein wird, und wir waren uns darüber bewusst, dass Rubinie eine ganz besondere Herausforderung darstellen würde.
Direkt vom Züchter gekommen, kannte die Stute Sattel und Trense, das Reitergewicht war ihr auch nicht fremd, mehr aber nicht.
Im Umgang war sie schwierig. Stehen bleiben beim Putzen, Hufe geben, das Führen - es fiel der Stute schlichtweg schwer, sich dem Menschen anzuvertrauen, und seine Berührungen zu ertragen. So dauerte es auch nicht lange, bis sich die ersten Probleme beim Reiten einstellten. Rubinie war sehr schreckhaft. Ausgestattet mit viel Gang und einem guten Springvermögen - nicht nur über ein Hindernis, sondern auch ihre Bockqualitäten zeugten von guten Eltern. Damit war ihre Besitzerin überfordert. Ihre damalige Norwegerstute konnte auch schon mal „abgehen", aber das ließ sich bei weitem nicht mit Rubi vergleichen. Oft fanden wir uns im Dreck wieder. Ich selbst bin schon viele Pferde geritten, die bocken konnten, aber Rubinie flösste auch mir Respekt ein. Wir begannen die Ausbildung mit einem guten Markensattel, der zunächst eine Kammerweite von 27 hatte.

In der ersten Zeit passte der Sattel noch gut.

Vorteil dieses Modells war, die Kammerweite ließ sich durch einen Sattler verändern - das war dann auch mehrmalig nötig, bis sich die Kammerweite an ihrem Limit befand.
Einen gebrauchten Sattel zu finden, der mindestens eine 36ger Kammer hatte - eine nicht wirklich aussichtsreiche Suche.
Rubinie‘s ganze Oberlinie war nun gut bemuskelt und der Trapezmuskel lässt erahnen, welche Sattelgröße nun anstand.

Aber bald war das Weiten des Ledersattels nicht mehr möglich.

Wer suchet der findet, heißt es - aber wir sind nicht fündig geworden.

Der Verlauf einer außergewöhnlichen Grundausbildung

2008 war auch der Winter an Rubinie's Stall heftig und wir beschlossen, das Pferd viel an der Hand zu arbeiten, denn ohne Sattel auf dieses Pferd? Wie gesagt, ich bin geübt ein Pferd auch ohne Sattel zu reiten, aber ich weiß auch wo sich meine körperlichen Grenzen befinden. Und diese Stute war eindeutig zu gefährlich. Auch wenn wir schon einiges verbessern konnten. Mehr aus Not, als aus Überzeugung, begann nun unsere winterbedingte Handarbeit.

Die Stute schien diese Form der Zusammenarbeit zu mögen, denn schnell konzentrierte sie sich auf uns. Ganz spielerisch gelang das Schulterherein an der Hand, auch die ersten kurzen Tritte bot die Stute fast von selbst an. Sogar die Levade konnten wir entwickeln.

Wir hatten Spaß an der Arbeit, Rubinie schien sich auch zu freuen und der Winter war noch lang, so dass wir das Thema Reiten erst mal auf das Frühjahr verschoben. Vielleicht fand sich auch ein Sattel bis dahin, so war unser Plan.

Rubinie im Schultervor, einer Vorübung des Schulterherein, an der Hand.

Rubinie in ihren ersten Levade Versuchen an der Hand

Wir hatten ein Pferd, das sich sehr verändert hatte – das fiel auf.
Der Schmied kam nun gern, denn die Stute konnte entspannt still stehen, putzen war nun toll - und keine empfundene Körperverletzung mehr für Rubi.

Und Artgenossen, die vorzeitig die Reithalle verließen oder hinzukamen, waren auch kein Grund mehr, völlig aus der Haut zu fahren. Vorbei die Zeiten, wo die Stute rückwärts beim Longieren durch die Zäune ging. Oder aus der Halle sprang, nachdem sie sich losreißen konnte.

Alles war gut.

Aber reiten wollten wir ja auch bald wieder - und die „dunklen Zeiten“ mag das Pferd vergessen haben, wir nicht ganz.

Das Frühjahr war da und ich fasste allen Mut zusammen mich ohne Sattel auf den Rücken von Rubinie zu schwingen.

Nach der langen Winterpause der erste Versuch ohne Sattel. So ganz entspannt bin ich da noch nicht. Doch unsere Rubi schien sich schlichtweg nicht mehr an die Vergangenheit zu erinnern.

Als wenn wir nie was anderes gemacht hätten, lief die Stute phantastisch locker schwungvoll und leicht - und das nach fast vier Monaten Winterarbeit an der Hand.

Wir konnten also wieder auf dem Rücken des Pferdes Platz nehmen. Jedoch ein Blick auf die Rückenlinie der Stute ließ vermuten, dass wir einen Maßsattel brauchen werden. Aber das stand erst mal nicht zu Debatte, aufgrund der zu erwartenden Kosten.

Ich fragte mich, ob auch hier der Fellsattel einsetzbar sein wird? Ich brachte ihn mit und wir probierten ihn aus.

Noch nutzten wir die sichere Umgebung des Longierzirkels, damit die Stute nicht zu viel Platz hatte zum „Abspacken". Allerdings war diese Vorsichtsmaßnahme eher was für unsere Nerven, als eine Notwendigkeit für die Stute.

Die Anlehnung zur Reiterhand

Rubinie war sofort ganz beim Reiter, achtete ganz auf die Bewegungsimpulse von oben. Sehr erstaunlich war, und ist es bei ihr auch heute noch, wie wenig nötig ist, um das Pferd zu veranlassen, nach den Wünschen des Reiters zu gehen. Angefangen von der Anlehnung, die der Forderung entspricht:
„die Anlehnung wird vom Pferd gesucht und vom Reiter gestattet"
Ein durchlässiges, in sich lockeres Pferd zu sehen.
Dem Wunsch, nichts in der Hand zu haben, werden wir nun gerecht.

Mal die Hände öffnen und dem Pferd die Selbsthaltung überlassen.

Das war nicht immer so. Als Rubinie leicht angeritten war, brauchte sie die Reiterhand als Stütze, da sie die gewünschte„künstliche Gleichgewichtsrichtung" noch nicht herstellen konnte. Es fehlte ihr an Kraft und an der nötigen Biegsamkeit.

Deutlich zu erkennen, dass Rubinie sich hier noch in der Remontenhaltung befindet.

Ein paar Anmerkungen zur Anlehnung
Wir sollten uns immer bemühen, den Ausbildungsstand unseres Pferdes richtig einzuschätzen. Die Anlehnung wird nicht in jedem Ausbildungsstand identisch sein, auch variiert sie von Pferd zu Pferd sehr. „Der Klügere gibt nach", ein Sprichwort, das auch für unsere Reiterhand gelten sollte.

Lernen müssen aber auch wir Reiter. Wir benötigen Übung, bis wir die nötigen Handfertigkeiten erworben haben.
Uns sind drei Varianten der Zügelhilfen bekannt:
- die annehmende Zügelhilfe
- die nachgebende Zügelhilfe
- die haltende Zügelhilfe

Wichtig - es muss immer eine nachgebende Zügelhilfe stattfinden, wenn zuvor eine annehmende, oder eine haltende Zügelhilfe gegeben worden ist.
Aber damit nicht genug, das Annehmen des Zügels ist nicht nur ein Verkürzen des Zügelmaßes, sondern es bewegt das Pferdemaul. Der gefühlvolle Reiter kann das Gebiss gezielt durch seine Finger- und Handbewegung im Pferdemaul platzieren.
Der annehmende Zügel kann auf die Lade wirken, auf die Lefzen oder eine Rollbewegung im Maul vollziehen, je nachdem, wie der Reiter seine Finger bewegt.

Zu beachten ist darüber hinaus, dass die Faust des Reiters sich im Laufe der Ausbildung eines Pferdes immer mehr zu öffnen beginnt, und die Zügel nur noch durch ein leichtes Vibrieren der Finger dem Pferdemaul begegnen.
Es soll sich anfühlen, als wenn man einen Faden durch Butter zieht. Ein viel verwendeter Vergleich der alten Meister aus der klassischen Reitkunst.

„Man unterscheidet daher in der Stärke der Anlehnung drei Abstufungen, nämlich die leichte, die weiche und die feste Anlehnung. Die erste entspricht der Richtung auf die Hanke oder der hohen Schule, die zweite der ins Gleichgewicht oder dem Kampagne Reiten und die dritte der Richtung auf die Schulter oder dem Jagd – und Rennreiten. Diesen Abstufungen entsprechend muß das Zügelmaß, die Anlehnung des Armes am Körper und namentlich die Bildung der Faust gewählt werden.“

Gustav Steinbrecht, „Gymnasium des Pferdes“, Verlag Dr. Rudolf Georfi 1995, S.23

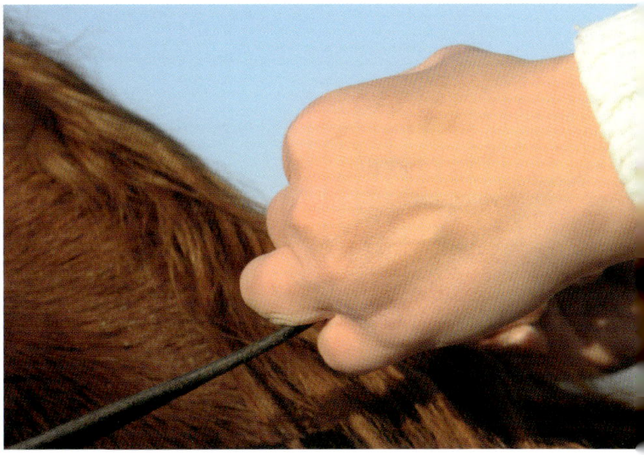

Nachgebende Zügelhilfe

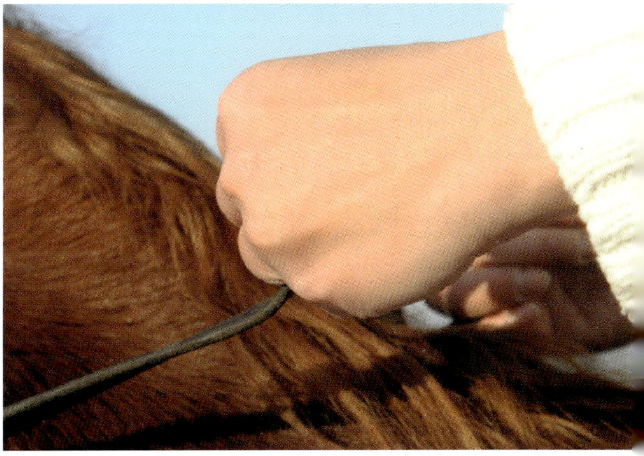

Annehmende Zügelhilfe

Annehmende Zügelhilfe, die rollend bzw. in die Lefzen wirken kann

Aber nicht nur das „Wie“ ist entscheidend, sondern auch das „Wann“.
Wann ist der richtige Augenblick, um einen Zügel anzunehmen und wann muss ich diesen nachgeben?
Da wir unser Pferd ja von hinten nach vorne an die Hand heran reiten sollen, richtet sich der Moment der Zügelhilfe auch nach der Position des jeweiligen Hinterbeines des Pferdes. Es gibt drei mögliche Positionen:
1) das Hinterbein hat Bodenkontakt
2) das Hinterbein befindet sich in der Luft, in der Vorwärts-Aufwärtsbewegung
3) das Hinterbein befindet sich in der Luft, in der Vorwärts-Abwärtsbewegung

Gerade in der dritten Phase, in der das Hinterbein sich vorwärts-abwärts Richtung Boden befindet, dürfen keine annehmenden und auch keine durchhaltenden Zügelhilfen erfolgen, weil wir dem Pferd sonst seine eigene Balance nehmen. Als Folge erhalten wir so oft Takt- und Anlehnungsfehler, das Pferd wird zunehmend undurchlässiger, und verspannt im schlimmsten Fall seinen kompletten Körper.

Wenn wir laufen, bewegen sich Arme und Beine gegeneinander

Oft wissen wir gar nicht, dass wir im falschen Moment agieren und wundern uns, dass unser Pferd sich zu wehren beginnt.
Der Moment, wo wir unbedingt nachgeben sollten, ist bei uns Menschen der Moment, wo wir unbewusst immer annehmen würden.

Der Grund hierfür ist unser eigenes Laufverhalten. Wenn wir gehen oder laufen bewegt sich unser Arm automatisch zurück, genau in dem Augenblick, wo sich Bein und Hüfte nach vorn bewegen.

Sitzen wir auf dem Pferderücken, so wird unsere Hüfte durch das Gehen des Pferdes nach vorn geschoben, und zwar in dem Moment, wo das Pferd seinen Hinterfuß vorwärts-abwärts bewegt. Die meisten Reiter nehmen in diesem Moment an, anstatt nachzugeben.
Wenn Sie so mit einem vollen Tablett laufen würden, passiert Folgendes:

Die Gegenstände fliegen im hohen Bogen. Diese bildliche Vorstellung kann helfen, auf dem Pferd diesen schwerwiegenden Handfehler zu vermeiden.

Beobachten Sie sich mal selbst. Beispielsweise beim Leichttraben. Wann nehmen Sie eigentlich den inneren Zügel an: wenn Sie Platz im Sattel nehmen oder wenn Sie sich erheben? Richtig wäre es, wenn Sie im Sattel Platz genommen haben, denn dann befindet sich der innere Hinterfuß des Pferdes am Boden.

Wenn ein Reiter noch nicht über die nötigen Fingerfertigkeiten verfügt, ist das kein Grund der Resignation. Auch hier gilt:
Übung macht den Meister.

Würden wir mit einem Tablett Arme und Beine gegenläufig bewegen, passiert dies...

Es bieten sich viele Möglichkeiten, das manuelle Geschick zu verbessern. Analysieren Sie, am besten mit Hilfe eines geeigneten Trainers, ihre Hand und entdecken Sie die Vorzüge und Schwächen Ihrer Fingerfertigkeiten. Um Kraft und Beweglichkeit der Finger zu verbessern eignen sich Qigongkugeln gut.

Diese zwei Kugeln werden in die Handinnenflächen gelegt und durch diese bewegt. Dabei ergeben sich viele Bewegungsvarianten. Haben Sie gerade keine Qigongkugeln zur Hand, lassen sich auch runde Kartoffen oder Walnüsse nehmen. Trockenübungen mit dem Zügel sind auch hilfreich und nützlich. Gerade dann, wenn Sie dies zu zweit machen können. So spüren Sie, wie sich eine Zügelhilfe anfühlt beziehungsweise anfühlen sollten. Und merken darüber hinaus, woran Sie noch arbeiten müssen.

Meinen Reitschülern helfe ich so sehr gut, Bewegungsabläufe der Hand bei den Zügelhilfen zu erfahren. Der Schüler kann so die Position des Pferdemaules übernehmen und der Ausbilder lässt seinen Schüler die Hilfe fühlen und umgekehrt.

Qigongkugeln fördern die Beweglichkeit der Hand

Reitschüler, die am Anfang ihrer Laufbahn stehen, und auch solche, die schon etliche Jahre reiten, aber über keine feine Hand verfügen, sind gut damit beraten, ihr Pferd zunächst mit Dreieckszügeln zu reiten.
In unserer heutigen Reitkultur ist es zu einem Makel geworden, Hilfszügel zu verwenden. Für einige Produktvarianten stimme ich dieser Ablehnung voll und ganz zu. Allerdings kann eine ungeübte Reiterhand schädlicher wirken, als ein korrekt verschnallter Dreieckszügel.
Ein Hilfszügel ist keine Endlösung, er verhilft dem Reiter aber, sich mehr auf seinen Sitz und weniger auf seine Hände konzentrieren zu müssen. Und letzteres fällt dem Menschen sehr schwer.

Betrachten wir den Stellenwert unserer Hand einmal aus dem Gesichtspunkt der Psychologie.

Unsere Hände sind mehr als nur Greifwerkzeuge. Durch sie formten wir unsere Welt. Ein ganz kleiner zeitgeschichtlicher Exkurs verdeutlicht die Bedeutung der Hand in unserem Evolutionsprozess, der maßgeblich durch die Entwicklung des aufrechten Ganges Einfluss auf die Einsatzmöglichkeiten der Hände nahm.
Wissenschaftler gehen sogar davon aus, dass die Entwicklung des menschlichen Gehirnes stark durch den Gebrauch der Hand beeinflusst wurde. In unserem heutigen Gehirn nimmt die Hand einen überdimensionalen Platz ein. Dazu müssen wir wissen, dass all unsere Körperzonen in unterschiedlicher Ausdehnung auf unserer Großhirnrinde repräsentiert werden. Die Körperproportionen unseres Spiegelbildes decken sich nicht mit der Abbildung unserer Körperteile im Gehirn. Im Nationalmuseum in London lässt sich eine sehr interessante plastische Darstellung dieser Körperzonen auf dem Gehirn finden: Der „Sensible Homunculus“, eine Arbeit von Penfield und Rasmussen aus dem Jahre 1950.

Veranschaulichen wir uns, was wir alles mit den Händen machen können, so ist es nicht verwunderlich, dass unser Gehirn ihnen so viel Platz einräumte. Was wären alle Künste der Menschheit ohne die Hände. Schon der griechische Philosoph Aristoteles (384 v. Chr. -322 v. Chr.) sagte, die menschliche Hand ist das Ursprungswerkzeug aller Werkzeuge.

Wir verdanken unseren Händen sehr viel. Auch auf dem Pferderücken hat unsere Hand Geschichte geschrieben. In den Schlachten vergangener Zeiten war sie im Kampfe gegen den Feind entscheidend über Leben und Tod.

Welche Bedeutung hat sie für unser heutiges Leben?

Vieles läßt sich durch unsere Hände bewegen und herstellen. Die Hand gibt uns auch den nötigen Halt. Jemandem die Hand reichen, zur Versöhnung oder zur Hilfestellung. Gefühle wie Freundschaft und tiefe innige Zuneigung können wir durch die Berührung unserer Hände ver-

mitteln. Aber auch Wut und Aggression geben wir mit Hilfe unserer Hände weiter.
Die Intensität des Händedrucks gibt etwas von unserer Persönlichkeit preis. Es existieren viele Redensarten, die erahnen lassen, wie wichtig uns unsere Hände sind:
Das Leben in die eigene Hand nehmen. Etwas auf eigene Faust unternehmen. All das zeigt, wie bedeutsam der Halt der Hand in unserem Leben ist.
Auf dem Pferd müssen wir hingegen lernen loszulassen. Loslassen können ist gleichbedeutend einem Abschied vom Festhalten - und das nicht nur bezogen auf unsere Reiterhand.

„Der Körper ist der Übersetzer der Seele ins Sichtbare“

Christian Morgenstern (1871-1914)

Unangenehme Gefühle wie Angst, Ärger und Wut lassen auch unsere Hand verkrampfen. All dies bekommt das Pferd durch unseren Körper, und auch durch unsere Hand, vermittelt. Oft sind wir uns dessen gar nicht bewusst - wir bemerken schlichtweg nicht, dass wir im wahrsten Sinne des Wortes unsere eigenen unbewussten Gefühle durch den Körper übertragen.
Loslassen und vertrauen, einem Tier, das so viel stärker ist als wir selbst, das mag zuweilen sehr schwer fallen. Wie einfach ist da hingegen der oft so falsch verstandene Wunsch, dies Tier zu beherrschen.
Auf dem Pferderücken sollten wir lernen, auf den Halt unserer Hände nach und nach zu verzichten.

Auf unserer Rubinie konnten wir bald auf den Halt der Hände verzichten.
Wir trauten uns sogar auch auf den großen Reitplatz. Selbst als dort Dacharbeiten auf der gegenüberliegen Reithalle waren, konzentrierte sich das Pferd ausschließlich auf seinen Reiter.

Dies wäre vor einiger Zeit noch undenkbar gewesen. Ungewöhnliche Geräusche und unbekannte Störungen welcher Art auch immer, führen bei Rubinie sofort zur Panik. Umso mehr waren wir froh über diese ungewohnte Gelassenheit der Stute.

Die Gymnastizierung der Stute

Es machte Spaß, die Stute zu reiten, und es bereitet einem Reiter und Ausbilder immer Freude zu erleben, dass ein Pferd den gleichen Spaß an der Arbeit verspürt und zeigen kann.

Wir erkannten schnell, der Fellsattel lässt unmittelbare Gewichtshilfen zu, die vom Pferd auch direkt bemerkt werden. Ein sehr feinfühliges Reiten entstand.

Das Schulterherein

Das erste Schulterherein unter dem Fellsattel, bewusst nur über eine leichte Körperausrichtung des Reiters, verbunden mit dem Bügeltritt auf den inneren Steigbügel. Ganz absichtlich verzichte ich hier auf eine konstante Anlehnung zum Pferdemaul, da ich den Begriff der sogenannten Selbsthaltung inhaltlich ernst nehme. Das Pferd soll in Selbsthaltung gehen und nicht durch meine Hand durch das Viereck getragen werden. Die Hand kann eine nützliche Stütze sein, aber Ziel muss sein diese nicht mehr zu gebrauchen. Dies ist meine Auffassung von klassischer Dressurarbeit.

Rubinie im Schulterherein

Die Traversale

Auch die Traversalen lernte Rubi sehr schnell. Sie achtete beinah wie ein Luchs auf jede kleinste Körperregung und versuchte, alles sofort umzusetzen. Es reicht aus, den eigenen Körper in die neu gewünschte Bewegungsrichtung zu drehen, ganz wenig Bein, etwas Halt durch die Hand, den braucht sie am Anfang noch, aber bewusst noch mit wenig Stellung, schon traversiert Rubi unter dem Fellsattel.

Rubinie in ihrer ersten Traversale

Von den kurzen Tritten zur Piaffe

Einen ganz besonderen Vorteil des Fellsattels stellte ich in Bezug auf die Gewichtshilfe fest. Das Pferd bemerkt die kleinste Gewichtsverlagerung und gerade bei den ersten kurzen Tritten machte sich dies bemerkbar.

Diese Erfahrung machte ich nicht nur bei unserer Rubi.
In der Anfangsphase erwarte ich vom Pferd keine vorbildliche Hankenbiegung, lediglich das „Eintakten“ ist wichtig. Dabei achte ich immer darauf, dass meine Gewichtshilfe entlastend wirkt, in dem Moment, wo ich den Antritt des Hinterbeines erzeugen möchte. Mit einer leichten Wadenhilfe, ohne Sporen, takte ich das Hinterbein ein. Das A und O: rechtzeitig Loben und die Beendigung der Lektion an Ort und Stelle, gekrönt durch ein sofortiges Absteigen vom Pferd.

Ich verlange beim Erlernen nie mehr als das, was das Pferd von sich aus bereit ist zu geben. Beherrscht das Pferd eine Lektion, dann beginnt der Feinschliff, und ich bitte das Pferd auch mal „etwas mehr Rantritt - etwas mehr Aktion - etwas mehr Fleiß,“ aber auch da ist mir die freiwillige Mitarbeit des Pferdes 1000 Mal lieber als ein von mir überwältigtes Tier.

„Descent de Main et de jambes“ - eine Formel der klassischen Dressur. Das Auslassen der Hilfen. Dem Pferd vertrauen auf ein Ehrenwort.

Nachdem die Stute sich tadellos im Viereck verhielt, ging es im Fellsattel auch ins Gelände. Bilder sagen manchmal mehr als Worte.

Für mich als Ausbilderin ist es immer schön:
Das Bild zweier Lebewesen zu sehen, die miteinander harmonieren!

Die Entwicklung von Rubinie im Bild

Flambeau

Mit Flambeau erfüllte ich mir einen Jugendtraum, ein Fohlen von unserer Stute. Der Deckhengst Freudentänzer stand auch seit Jahren fest, denn als Jugendliche faszinierte mich dieser Hengst so sehr, dass ich mir vornahm, irgendwann mal ein Fohlen von diesem Hengst selbst aufzuziehen. Nicht alle Jugendträume werden wahr, aber diesen konnte ich mir erfüllen und so kam unser bunter Fuchs zur Welt.

Vom Fohlen zum Reitpferd

Angeritten habe ich ihn auch auf der Weide, ganz ohne alles hat mein Mann mich hin und wieder auf seinen Rücken geschwungen; und Flambeau wartet mit rumgedrehtem Kopf auf seine gewohnte Belohnung.

Auch heute setze ich mich immer wieder so auf meinen Flambeau, auch wenn er schon längst ein Reitpferd ist

Ich hatte Glück und verfügte über einen gut passenden Sattel, den ich lange nutzen konnte. Aber auch mein Pferd veränderte sich und der Sattel wurde zu eng.
Wir hatten uns zwar auch einen Fellsattel zugelegt, der war jedoch nicht für mein „Springwunder" gedacht. Wir schafften ihn für unsern Suenos an, der aufgrund seines Alters einen leichten Senkrücken besaß. Der Fellsattel war hier eine gute Lösung, um das gesunde alte Pferd weiter reiten zu können. Nun probierte ich den Fellsattel dann auch auf meinem Flambeau aus. „Nein das war nix..." Ich stellte für mich fest: Es gibt Pferde, da eignet sich der Fellsattel schlichtweg nicht.

Pferde mit sehr viel Bewegung und viel Schwung sollte man wohl doch besser mit einem Ledersattel mit Baum reiten.

Mit viel Schwung ausgestattet, glaubte ich nicht, dass der Fellsattel sich für dieses Pferd eignen wird

Mein Flambeau verfügt über sehr viel Schwung, er bewegt sich unter mir wie ein Flummi. Darüber hinaus ist er sehr wendig, ein sehr schönes Sitzgefühl, wenn man denn zum Sitzen kommt. Im Fellsattel fühlte ich mich auf meinem Bewegungskünstler zunächst nicht wohl.

Wenn der Sattel zu eng wird

Meinen unpassend gewordenen Ledersattel ließ ich so auch umpolstern. Nun stand ich also auch da, wo viele meiner Schüler sich verzweifelt Rat suchen. Meinen Sattel bekam ich frisch umgepolstert wieder, aber glücklich war ich damit nicht. Das bestätigte mir dann auch mein Pferd. Er klemmte, wollte nicht vorwärts gehen, eben all die Anzeichen, die ich schon so gut von vielen anderen Pferden kannte. Gewissheit für meine Vermutung, dass mein umgebauter Sattel Grund für seine Verspannungen war, erhielt ich, als ich den Sattel abnahm und ohne ritt. Flambeau ging sofort locker und fröhlich los.

Was nun, ich brauchte einen anderen Sattel, darüber war ich mir im Klaren.
Aber was mache ich, bis ich einen gefunden hatte?
Ironie des Schicksals?!

Jetzt stand ich genauso verzweifelt da, wie all meine Schüler – ich hatte ein Sattelproblem. Ich probierte ein paar andere Sättel aus, aber etwas Passendes war leider nicht dabei. Ich liebäugelte eh mit einem Maßsattel.
Aber eine Lösung für den Augenblick hatte ich nicht, der Maßsattel würde sicherlich ein dreiviertel Jahr auf sich warten lassen, bis er fertig wäre.
Bis dahin ist mein Flambeau ein Weidepferd, oder ich lasse ihn laufen, longieren wäre auch noch eine Alternative – ja, oder ich reite ihn mit Fellsattel –nun hatte ich die große Auswahl. Letzteres wird es wohl werden - und ich ging mit ungutem Gefühl ans Werk.

Was auch immer meine Wahrnehmung geprägt hatte, als ich meinen Flambeau mit Fellsattel zum ersten Mal geritten bin, kann ich im Nachhinein gar nicht mehr erfassen.

Der Bewegungskünstler

Ich weiß, dass ich mich nicht wohl fühlte, um so erstaunter war ich, als mein Pferd nun lossteppte, und ich überwältig war von der Bewegungsintensität meines Fuchses. Ich fühlte mich alles andere als unwohl und mein Pferd begann von Tag zu Tag sein Bewegungspotential zu verstärken. Als er dann auch noch seine berüchtigten Freudensprünge absolvierte, bei denen ich im Ledersattel mit Baum schon immer froh war, gute Pauschen zu haben, war ich mehr als überrascht, einen guten Halt im Fellsattel zu besitzen.

Es ist sicherlich so, dass Übung den „Meister“ macht - denn, ich ritt ja mittlerweile viele verschiedene Pferde mit dem Fellsattel und war es gewohnt.
Zu dem Zeitpunkt als ich meinen Flambeau das erste Mal mit dem Fellsattel geritten bin, verfügte ich zwar auch über eine gewisse Routine, aber es waren die Anfänge.
Nun ritt ich also mein Pferd auch mit einem Fellsattel.

Nach etwa 10 Wochen erhielt ich einen Anruf der Firma, die ich einst kontaktiert hatte, um mir einen Maßsattel anfertigen zu lassen. Der Mitarbeiter käme jetzt zum Ausmessen. Ich sagte der Sekretärin, dass ich froh darüber sei, von ihnen zu hören, ich aber bereits einen passenden Sattel gefunden hätte.

Spaß und Freude, bei Reiterin und Pferd

Die Entwicklung von Flambeau im Bild

Die sogenannten „Korrekturpferde“

Der Weg vom Pferd zum Reitpferd ist nicht so einfach. Wir wissen, dass das Pferd nicht zum Reitpferd geboren wurde, es muss dazu ausgebildet werden. Wie ich bereits eingangs erklärte, müssen wir die „natürliche Gleichgewichtsrichtung“ des Pferdes hin zur „künstlichen Gleichgewichtsrichtung“ verändern. Bei diesen Vorhaben können sich sehr viele Fehler einschleichen. Oft geschieht dies aus mangelndem Wissen, verbunden mit unzureichendem Können. So entstehen ungewollt die meisten Pannen.
Nun, es ist aber auch nicht immer so leicht, den richtigen vom falschen Weg direkt zu unterscheiden. Darüber hinaus gibt es so viele unterschiedliche Ansichten wie man was machen soll. Ich erlebe oft, dass Reiter verunsichert sind und sich einfach kaum noch zu helfen wissen.

Zunächst sollten wir uns darüber klar werden, was sich hinter der Fiktion des Reitpferdes verbergen könnte.

Ein Organismus muss für seine neuen Aufgaben trainiert werden. Das braucht Zeit. Wir alle werden es schon am eigenen Leib erlebt haben, wie schwer es ist, eine Sportart zu erlernen. Ein Pferd soll unter uns sozusagen das Tanzen lernen und genauso schwer wie es uns fällt, komplexe Bewegungsabläufe beim Tanzen zu absolvieren, verhält es sich mit unserem Pferd. Wir würden Jahre damit verbringen, durch hartes Training die Fertigkeiten eines Profitänzers zu erreichen. Kraft und Ausdauer müssen trainiert werden – sowie die Beweglichkeit und Koordination. Darüber hinaus sollten wir unser Training gut durchdenken, damit es auch effektiv ist. Was für uns gilt, betrifft auch unseren Vierbeiner. Ein Training ist nur so gut, wie es tatsächlich wirkt und zwar nachhaltig.

Bis ein Pferd beinah mühelos unter dem Reiter, oder wie hier an der Hand Lektionen der hohen Schule zeigen kann, braucht es vor allem Zeit und ein gut durchdachtes Training.

Um an dieser Stelle nur mal ein bekanntes Beispiel heraus zu picken. Oft berichten mir neue Schüler, dass sie gute 30 Minuten brauchen, bis ihr Pferd so richtig locker und fleißig mitarbeitet.

Wer glaubt, so auf Dauer ein durchlässiges Pferd zu bekommen, der irrt leider.
Warum?
Lassen Sie mich zunächst mit dieser Überlegung beginnen:
Ein Pferd geht 30 Minuten verspannt, wehrig und dann, nachdem es so richtig durchgearbeitet wurde, klappt es dann endlich?!
Was wurde eigentlich trainiert?
Zunächst 30 Minuten die Muskulaturgruppe, die ich zum Reiten nicht brauche, die Muskelgruppe, die mein Pferd gar nicht nutzen sollte. Das alltägliche Training verstärkt das Problem eher, als dass es eine Lösung in sich birgt.
Sie werden mir vielleicht Antworten:
„Aber es gibt doch nach!“ – Ja, aber warum gibt es denn nach? Antwort: Weil die Kraft nicht mehr ausreicht, um gegen zu halten!
Aus Erfahrung weiß ich nur zu gut.
Wer so ein Pferd ausbildet, fährt fast immer in eine Sackgasse, ohne es zu merken.

Ich möchte Ihnen zwei Schüler vorstellen, die Schwierigkeiten mit ihren Pferden hatten, und in ihrem Dilemma feststeckten.

Montana

Luzia und ihre Westfalen Stute Montana bilden hier den Anfang.

Luzia hatte ihr Pferd mit Hilfe einer Bereiterin selbst angeritten und ausgebildet.
Das Ergebnis dieser Arbeit: ein spanniges Pferd, das ohne Fleiß und Schwung mit fester Rückenmuskulatur in der Reitbahn glänzte. Als Krönung gesellte sich eine gelegentlich auftretende „Zügellahmheit" hinzu. Unter Zügellahmheit verstehen wir ein unregelmäßiges Gangwerk was einer Lahmheit gleicht, ohne dass es einen medizinischen Grund gibt. Diese Lahmheit entstand bei Montana durch falsche Hilfengebung seitens des Reiters, der so das Gangwerk des Pferdes negativ beeinflusst.

Ein Pferd, das völlig verspannt war, ihrer Reiterin massiv auf der Hand lag und alles in allem unmotiviert daher schlurfte.

Dass etwas nicht stimmte, fühlte Luzia schon lange, aber sie wusste nicht, was eigentlich falsch gelaufen war.
Als ich beide kennen lernte, stand ich vor einem Pferd, von dem mein Vater gesagt hätte: „Diesem Pferd ist die Religion vom Balg runter geritten worden!"
Genau so deutlich formulierte ich es auch, bei unserem ersten Gespräch. Wir mussten nicht nur ganz von vorne anfangen, wir hatten ein erstklassiges Korrekturpferd. Und das ist wesent-

lich schwieriger, und vor allem langwieriger, als mit einem „rohen“ Pferd zu beginnen. Montana hatte aber nicht nur Probleme mit ihrem Körper, sie gehörte zu den Pferden, wo man mal so salopp sagen würde: Die hat nur kein Bock.
Und genau das hatte die Stute nicht mehr: Spaß an der Arbeit und Spaß an der eigenen Bewegung. Selbst auf der Weide wirkte dieses Pferd teilnahmslos.
Luzia ging es wie so vielen Pferdebesitzern, sie handelte nie in der Absicht, ihrem Pferd zu schaden. Im guten Glauben an ihr eigenes Können und mit der Unterstützung durch professionelle Hilfe, dachte sie sehr lange, dass die Probleme ihres Pferdes nicht in der Ausbildung zu suchen seien, sondern gesundheitliche Gründe dafür verantwortlich waren. Tierärzte und Alternativmediziner wurden insoweit fündig, als dass sie die Verspannungen der Stute klar erkennen konnten. Die Durchblutung der Rückenmuskulatur war auffallend schlecht und dementsprechend war klar, dass die Stute nicht mit elastischen Bewegungen glänzen konnte.

Der Weg zum Korrekturpferd

Durch eine falsche Vorstellung der Versammlung hatte Luzia dem Pferd die Bewegung genommen. Wir kennen dass alle – „vorne halten und von hinten treiben“. Das sind oft die Anweisungen mancher fragwürdiger Ausbilder.
Man kann indessen Luzia und auch allen anderen Reitern keine Schuld geben, das wäre zu einfach. Suchen wir uns Hilfe und geraten an solche Ausbilder, braucht es seine Zeit, bis wir merken - etwas stimmt hier nicht.

Könnten wir alles selbst, würden wir uns ja auch keine Hilfe suchen, und Vertrauen muss man schon mitbringen, sonst braucht man ja gar nicht erst mit der Zusammenarbeit beginnen. Hinterher ist man bekanntlich immer schlauer. Aber mal Hand aufs Herz!
Uns allen ist es schon passiert, dass wir beinah blind vertraut haben, weil wir auch vertrauen wollen. Das gilt selbstverständlich nicht nur im Pferdesport.

Eine Schülerin sagte mal zu mir: „Egal wie schlecht ein Reitlehrer auch ist, er wird immer besser sein als ich es bin und so wird das schon richtig sein was Herr X oder Frau Y so machen“. Aus meiner Sicht ist diese Denkrichtung zunächst ein Absurdum, aber ist es nicht oft so, das wir Menschen vertrauen, die uns vermitteln können von etwas mehr Ahnung zu haben als wir selbst? Hinterfragen wir immer wenn wir Hilfe brauchen, ob diese auch gut ist? Ich glaube, dass wir alle schon mal dem falschen Experten vertraut haben, nicht nur im Bereich der Reiterei. Sich hinterher Vorwürfe zu machen, hilft leider nicht weiter.

Das versuchte ich auch Luzia mit auf den Weg zu geben. „Die Situation ist jetzt nun wie sie ist, lass uns versuchen das Beste draus zu machen, um etwas ins Positive zu verändern. Es ist viel falsch gemacht worden, aber damit müssen wir nun leben.“

Die Ausbildungsskala

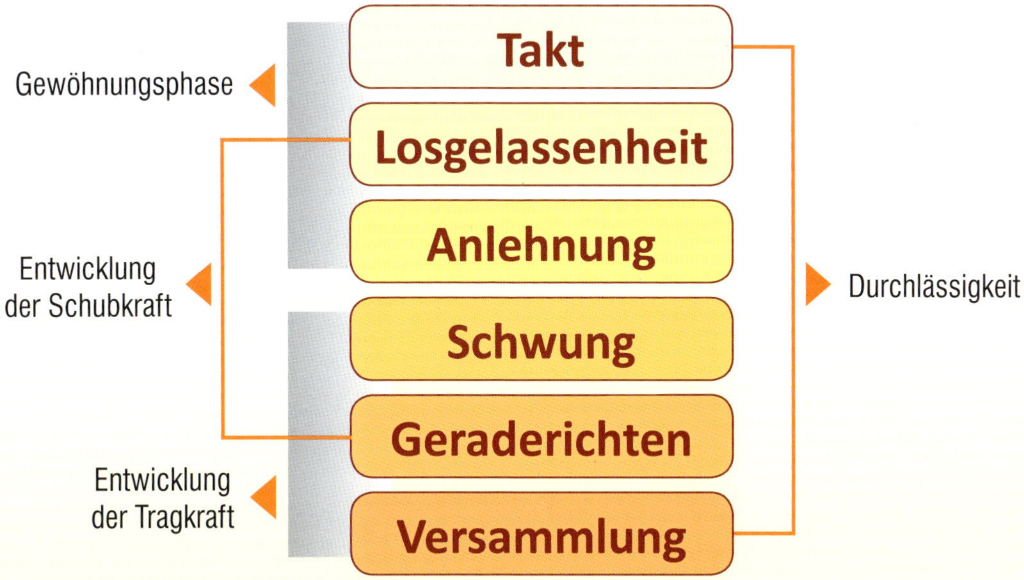

TAKT: Ist das räumliche und zeitliche Gleichmaß in den drei Grundgangarten.
LOSGELASSENHEIT: Takt ist die Vorausetzung für losgelassene Bewegungen, die aus einem schwingenden Rücken resultieren, bei dem die Muskeln des Pferdes sich zwanglos und unverkrampft an- und abspannen. Dabei ist auch zu bedenken, dass nur ein Pferd, das auch psychisch und physisch entspannt ist, dieser Forderung entsprechen kann.
ANLEHNUNG: Hier beziehen sich meine Ausführungen auf die Verbindung zwischen Reiterhand und Pferdemaul. Dazu habe ich bereits auf Seite... sehr viel geschrieben.
SCHWUNG: Ließe sich auch beschreiben mit „bodenverachtendem Laufen“, oder wie es mein Vater Wolfgang Herstein immer beschrieb: „Das Pferd berührt den Boden nur noch aus Gefälligkeit“. Die Richtlinien definieren das so, Schwung ist die Übertragung des energischen Impulses aus der Hinterhand auf die Gesamt- Vorwärtsbewegung des Pferdes.
GERADERICHTUNG: Ein Pferd ist geradegerichtet, wenn Hinterhand und Vorhand aufeinander eingespurt sind.
VERSAMMLUNG: Die Hinterhand übernimmt vermehrt das Tragen der Körperlast durch das Absenken der Hinterhand (Hankenbeugung) verbunden mit der Aufrichtung der Vorhand.

Die Bestandsaufnahme

Grundlegend hatten wir bei ihrem Pferd einen festgezogenen Körper und eine resignierte Pferdeseele. Es nutzt alles nicht - der Blick nach vorn und auf den zu gehenden Weg in die Zukunft gerichtet.

Wir verschafften uns einen ersten Überblick über den Zustand und über unsere Ziele:

Der erste Punkt der Ausbildungsskala ist der Takt und den galt es nun wieder herzustellen:
Montanas Schritt war schleppend, Taktunrein und ohne Zeichen von einem Übertritt der Hinterbeine über die Spur der Vorderbeine.
Unser Zukunftsziel: muss eine schreitende Bewegung im Viertakt ohne Schwebephase sein.

Montanas Trab war ohne Ausdruck, von Schwung war keine Spur und der Raumgriff ließ viele Wünsche offen. Unser Zukunftsziel: eine ausdrucksstarke, schwunghafte Bewegung im Zweitakt, in vier Phasen mit Schwebephase.

Montanas Galopp war schwerfällig, kaum gesprungen und im „Vierschlag - Galopp“.
Unser Zukunftsziel: eine schwunghafte, gesprungene Bewegung im Dreitakt.

Den zweiten Punkt der Ausbildungsskala, die Losgelassenheit, galt es wieder herzustellen: Montanas Rücken war völlig festgehalten. Unser Zukunftsziel: ein losgelassener Rücken, der elastische Bewegungen zulässt.
Jede reiterliche Hilfe ließ das Pferd verkrampfen.
Unser Zukunftsziel: ein Pferd, das auf feinste Hilfen reagiert.

Den dritten Punkt der Ausbildungsskala, die Anlehnung, galt es wieder herzustellen: Montanas Verbindung zur Reiterhand ließ sich als durchgängig falsch charakterisieren. Sie legte sich auf den Zügel, ging gegen den Zügel und verkroch sich hinter den Zügel. Ein Nachgeben seitens der Stute auf eine Zügelhilfe war nicht zu erkennen. Zukunftsziel: ein Pferd, das die Anlehnung zur Hand sucht.

Wir hatten also die komplette Gewöhnungsphase eines Pferdes zu korrigieren, um ein durchlässiges Pferd zu erhalten.

Die Einwirkung der Reiterin

Zwei wesentliche Punkte waren mir anfangs wichtig. Montana hatte begonnen, sich gegen ihre Reiterin zu verteidigen, indem sie sich zum einen „auf die Hand" legte, zum anderen sofort bremsend und verkrampft reagierte, wenn das Reiterbein sie berührte. Wir mussten dem Pferd den Auslöser dieser Verkrampfung nehmen. Und zwar die Einwirkung des Reiters!
Wir beschlossen, Montana zunächst zu longieren - und zwar nur am Kappzaum, damit Hals und Kopf frei von Druck waren. Auch Montanas Sattel war unpassend. Da die Stute in ihrer Muskulatur wirklich schlecht entwickelt war, machte es keinen Sinn, jetzt auf Biegen und Brechen einen Sattel zu suchen. Wir ließen zwar den einen oder anderen Sattler kommen, aber

beschlossen, das Pferd zunächst ohne Sattel zu reiten. Montana musste lernen, dass von dem Reiter nichts an Impulsen kam, Luzia saß quasi als Beifahrer auf ihrem Pferd. Der Grund für dieses ungewöhnliche Vorgehen lag für mich auf der Hand, da dieses Pferd sich, sobald eine reiterliche Hilfe einsetzte, sofort verkrampfte. Es galt, das Wichtigste wieder herzustellen - das Vertrauen zum Reiter. Darüber hinaus empfand ich es als wichtig, Luzia in die Korrekturarbeit mit einzubeziehen. Es gibt Fälle, wo ein Korrekturberitt notwendig ist, aber hier versuchte ich es anders.

Die Reithalle hatte keine Standardmaße, sie war kleiner, das bot Vorteile, denn ich musste mich sehr viel bewegen, da ich immer mitlief. Luzia saß nur auf ihrem Pferd und machte nichts. Die Zügel hingen durch und ich ging neben dem Pferd her. Das Kommando, vermehrt anzutreten, kam von mir. Das machten wir zunächst nur im Schritt - über Wochen. Für meine Schülerin hatte ich in dieser ganzen Schrittphase auch genügend Zeit, um an ihren Sitzfehlern zu arbeiten. Dabei achtete ich immer darauf, dass Sitzkorrekturen keinen negativen Einfluss auf den Bewegungsablauf der Stute ausübten. Es mag für manchen befremdlich wirken, ein Pferd über Wochen nur Schritt zu reiten, aber es macht keinen Sinn, alles auf einmal korrigieren zu wollen. Ich habe durchweg die Erfahrung gemacht, dass man in Millimeter Schritten am Schnellsten voran kommt, treu nach der Devise: "Weniger ist mehr".
Das Pferd hatte zusätzlich ganztägigen Weidegang. Das ist im Übrigen das beste Mittel für ein gutes Vorwärts Abwärts, aber das ist ein Thema für sich...
Nachdem Montana fleißig im Schritt war, versuchten wir den Trab mit einzubauen. Der erste Trabtritt war zunächst bremsend, mit hochgehobenem Kopf, dennoch ließ sich die Stute nach ein paar Tritten los und trabte relativ fleißig. Luzia saß immer noch passiv; lediglich den Sitz korrigierte ich, das Tempo der Stute forderte ich weiterhin von unten. Einen Kontakt zum Pferdemaul hatten wir noch nicht hergestellt. Auch diese Form der Arbeit nahm ein paar Wochen in Anspruch. Als die Stute auch das Antraben ohne Verspannung zeigte, übernahm meine Schülerin das Tempo machen. Allerdings benutzte sie dazu nicht ihre Unterschenkel, sondern ihr Becken, das sie geringfügig nach hinten kippte. Zur Verstärkung diente ein leichtes antippen der Dressurgerte an die Kruppe, gepaart mit einer auffordernden Stimme. Es dauerte nun keine Wochen mehr und Montana war flott unterwegs; auch das Angaloppieren ging wie von selbst. Der Tag war gekommen mal das Zügelmaß zu verkürzen. Wir achteten peinlichst darauf, einen aufkommenden Druck des Pferdemaules nicht gegenzuhalten. Ein Vorgehen, das ich in jeder Ausbildungsphase beachte: nie einen längeren Spannungsrahmen zwischen Reiterhand und Pferdemaul entstehen zu lassen.

Versuchte die Stute nun gegen die annehmende Hand zu drücken, so gab Lu mit der Hand nach. Trieb das Pferd aber vorwärts, wie zuvor beschrieben, Becken leicht kippen, eventuell eine Aufforderung mit der Gerte, gepaart mit der Stimme. Jedes kleinste Gelingen wurde immer gelobt durch Leckerlis, Pause und, ganz beliebt, das Krabbeln am Mähnenkamm.

Auch diese Arbeit brauchte seine Zeit und Montana befand sich ohne viel Druck in einer vorbildlichen Anlehnung, die vom Pferd gesucht wurde.

Wir hatten es geschafft - und das ohne Sattel, ein Pferd, das nun in allen drei Gangarten taktrein war, das losgelassen unter seinem Reiter ging, und dessen Anlehnung vorbildlich war. Der Weg zur Versammlung war nun nur noch ein kleiner „Katzensprung".

Montana hat sich gemacht. Sowohl ihre äußere Erscheinung, wie auch ihre ganzen Bewegungen sind nicht mehr mit vorher zu vergleichen.

Das Sattelproblem ließ sich während unserer Arbeit lösen. Wir fanden wirklich einen passenden Sattel mit Baum. Allerdings ging die Stute immer freier und elastischer ohne. Luzia hatte gelernt, auf die Bedürfnisse ihrer Montana zu achten, und so verzichtete sie weitestgehend auf den Sattel. Außer im Gelände und zwischendurch mal, ritt sie lieber mit Sattel auf dem großen Außenplatz - je nach dem, wie „lustig" und springfreudig die Dame so war.

Der Fellsattel kam da wie gerufen, einen Sattel, der Halt gab, das Pferd jedoch nicht einengte, und die Stute genauso gut ging, wie sie es ohne Sattel konnte und das ging nun auch im Gelände. Von dem passenden Ledersattel mit Baum trennte sich Luzia: *„Mein Pferd signalisierte mir immer was es mag und was es nicht mag, ich musste lernen diese Signale auch wahr zu nehmen. Einen Sattel mit Baum, auch wenn dieser passend ist mag mein Pferd nicht. Ich habe auch gelernt auf die Bedürfnisse meines Pferdes einzugehen." Luzia*

Die Entwicklung von Montana im Bild

Astuto

Der PRE Hengst

Bei dem PRE Hengst Astuto IX waren die ersten drei Punkte der Ausbildungsskala erfolgreich erreicht. Er war taktrein in allen Grundgangarten. Und auch an der Durchlässigkeit fehlte es ihm nicht. Die Anlehnung war zufriedenstellend. Zu bemängeln war lediglich, dass er sich gelegentlich hinter dem Zügel verkroch.
Darüber hinaus war er zwar recht vorderlastig, aber alles in Allem konnte man den beiden schon gut zuschauen.
Es fehlte ihm indessen an Schwung, an der Geraderichtung und an der Versammlung. Gerade der Weg zur Versammlung schien gewiss weit hinter den Sternen verborgen zu sein.

Zufrieden und locker war Astuto, aber auch vorderlastig und ausdruckslos.

Dass dieses Pferd mehr Potential haben wird, war für mich und seine Besitzerin Brambilla kaum zu erwarten.

Brambilla hatte viel mit ihrem Hengst erlebt und die Angst, dass er in alte Verhaltensmuster zurückverfallen könnte, war täglich gegenwärtig.
So traute sie sich auch nicht, etwas zu verändern, und an die Versammlung des Hengstes wagte sie sich schon gar nicht heran.

Der Hengst aus Spanien

Ihr Traumpferd stammte aus Spanien. Das erste Mal sah Brambilla ihr zukünftiges Pferd im März 2006, ihr war sofort klar: „Das ist mein Pferd."
Es handelte sich zwar nur um eine Videoaufnahme, aber der Stolz dieses Tieres, seine leichten und erhabenen Bewegungen, beeindruckten sie sehr. Sie machte sich auf nach Spanien, um ihr Traumpferd zu treffen.
Vorreiten wollte man ihn ihr nicht, stattdessen wurde er ablongiert. Das war notwendig, erfuhr sie. Angst und Vorsicht, damals ein Fremdwort für Brambilla, und so schwang sie sich auf ihren Astuto. Der reagierte sofort mit massiven Schweißausbrüchen, die dann in einen nicht enden wollenden Galopp führte. Egal, dachte sich Brambilla, den bekomme ich hin.

Sie hatte sich viel vorgenommen, aber zuerst stand Astuto ein mehrtägiger Transport aus Spanien bevor. Wohlbehalten und wenig nervös kam er in Deutschland an.
Sie wusste, dass er nicht viel konnte, ja außer - im Mittelgalopp über den Reitplatz schießen.

Das Pferd war sehr steif in seinem Körper, so dass Brambilla ihren Astuto zunächst mehrere Monate longierte. Als sie dann begann, ihn auch zu reiten, musste sie feststellen, dass ihr Traumpferd erst mal nichts mitmachte. Zügel aufnehmen, Schritt reiten ... schöne Wünsche, aber leider nicht durchführbar. Ein befreundeter Springreiter gab ihr den entscheidenden Tipp „lass ihn rennen, halte ihn nicht fest, führe ihn lediglich mit dem inneren Zügel auf den Zirkel, außen lass die Hand weg. Er wird lernen dass er nicht vor deiner Hand wegzurennen braucht".
So war es auch. Der Hengst begann, Vertrauen zu gewinnen. Sie wusste, dass ihr Pferd nur rannte, um sich sämtlicher Hilfen zu entziehen. Dieses Verhalten beunruhigte Brambilla wenig, sie hatte viel Erfahrung mit schwierigen Pferden und erkannte schon früh, dass Druck nichts bringt. So arbeitete sie früh morgens in aller Ruhe ihren Astuto, der außer Rennen nichts kannte. Sie ließ ihn gewähren und wartete geduldig darauf, dass er Vertrauen fassen konnte, und merkte, dass von seiner Reiterin keine Gefahr ausging. Es dauerte fast ein Jahr bis das Zutrauen groß genug wurde, so dass der Hengst sich auf seine Reiterin einlassen konnte.
Nachdem er aber nun verstanden hatte, dass er nicht weg rennen muss, kam sein vermeintlich wahrer Charakter zum Vorschein. Introvertiert, leicht gleichgültig und stinkefaul. „Er machte zwar mit, aber mit Widerwillen." Das war Brambilla's erste Charakterisierung ihres Pferdes, als wir uns unterhielten.

Was sich zuvor durch das Wegrennen zeigte, machte sich nun als Desinteresse bemerkbar. Zwar funktionierte er nach einer gewissen Zeit und lief zufrieden stellend. Aber seine Reiterin hatte immer den Eindruck, dass er sich lediglich in sein tägliches Schicksal eingefunden hatte - von Spaß an der Arbeit keine Spur. Locker war er, aber gehfreudig? Nein, Gehfreude sah anders aus.

Viele Ausbilder hatte Brambilla erlebt und beobachtet, so dass sehr schnell für sie fest stand: „Das muss ich wohl alleine schaffen...", zu viel Druck und selten Pferde, die einen zufriedenen Eindruck machten, ließen Sie daran zweifeln, dass Profis den richtigen Rat für sie und ihr Pferd parat hatten. So ritt sie ihr Pferd anderthalb Jahre locker und rund, traute sich aber nicht, ihn zu „setzen" bzw. zu versammeln, aus Angst, er könnte sich wieder verspannen und Stress bekommen, denn den hatte er definitiv nicht mehr.

Beginn unserer Zusammenarbeit

Seit langem beobachtete sie meine Arbeit mit einem anderen Pferd. Beinahe ohne etwas zu tun wurde dieses Pferd zunehmend besser. Kurze Arbeitsphasen, für den Außenstehenden übertriebenes Lob und Stehpausen auf dem Reitplatz. Es schien, dass ich eigentlich nie das Pferd wirklich arbeitete, also so, wie man hinlänglich die Arbeit mit einem Pferd verstehen würde. Aber das Ergebnis - ein Pferd, das selbst etwas tut, ohne dass der Reiter einzuwirken scheint. Und das Auffallendste: den Reiter nahm man als Akteur gar nicht mehr war. Er blieb im Hintergrund und überließ dem Pferd den Raum zum Strahlen.
Brambilla wusste aber auch, der Schein kann trügen und so beobachtete sie ihre zukünftige Ausbilderin mehr als zwei Jahre, bis sie den Entschluss fasste: „Ja, das könnte ein Weg für mich und mein Pferd sein".

Der erste Schritt

Wir setzten uns zusammen und besprachen Ziel, Wünsche und Möglichkeiten. Brambilla's größter Wunsch: ein stolzes Pferd, das gerne mit ihr zusammen den Reitplatz erobern möchte. Die obligatorische Videoanalyse machte vieles deutlich, es musste bei beiden was geändert werden.
Brambilla's Reaktion auf das Video:
„War ich erschrocken... mein Pferd lief gut, also besser als ich dachte, aber ich... damit war ich sehr unzufrieden. Ich machte mich auf einen mühsamen Weg gefasst und musste im Nachhinein feststellen, einfacher kann ich gar nicht reiten, dem Pferd zuhören... damit begann unsere ersten Reitstunde".
Brambilla's Sitz war eigenwillig.
Sie saß ebenso locker und flockig, wie ihr Pferd lief. Ich erkannte, genau da müssen wir ansetzen.

Was mussten wir am Sitz verändern

Brambilla musste ihren Sitz so einsetzen lernen, dass der Hengst die Möglichkeit bekam, sich zu entfalten.
Wir kennen alle die Forderungen an den Dressursitz, aber den wenigsten ist bewusst, dass wir unseren Sitz anpassen müssen und zwar an die jeweilige Gleichgewichtsrichtung des Pferdes. Immer mit dem Hintergrund: Wir wollen ja das Pferd ins „künstliche Gleichgewicht“ setzen. Der Grundsitz, den wir alle beherrschen müssten und im Idealfall auch auf einem wirklichen Schulpferd gelernt haben sollten, muss die Grundlage für einen anpassungsfähigen Sitz sein, der die drei Gleichgewichtsrichtungen des Pferdes begleitet. Sitzen ist also nicht gleich Sitzen! Die drei Gleichgewichtsrichtungen verlangen differenzierte Sitzausrichtungen, angepasst an die Ausrichtung der Wirbelsäule des Pferdes. Und da lag auch die Schwierigkeit bei Brambilla.
Sie war locker, begleitete die Bewegung ihres Hengstes elastisch mit. Allerdings war sie so locker in ihrem Körper, dass sie das Pferd ungünstig belastete.

Die drei Gleichgewichtsrichtungen bei Brambilla Sitzentwicklung

Befindet sich das Pferd in der ersten Gleichgewichtsrichtung, in der Remonten- Haltung, so verläuft die Wirbelsäule des Pferdes leicht abfallend zur Vorhand. Unser Reitergewicht erhöht die Belastung zur Vorhand. Setzt sich das Pferd in Bewegung so wirkt unser Körpergewicht durch die Beschleunigung der Bewegung schwerer. Ein Pferd, das sich aufrichten soll, muss aber auch die Möglichkeit dazu haben - es braucht Platz um „aufzustehen“.
Wir müssen dafür sorgen, dass unser Gewicht in der Abwärtsbewegung des Hinterfußes zum Erdboden nicht negativ mit nach unten wirkt. Wir müssen unser eigenes Körpergewicht abfangen, indem wir einen Spannungsbogen im Körper herstellen.
Diesen Spannungsboden erreichen wir durch die Bauchspannung, verbunden mit der Rückenspannung. Hinzu kommt ein nach innen gedrehter Oberschenkel, der einen leichten Knieschluss zulässt, damit der richtige Bügeltritt ausgeführt werden kann.

Mir ist bewusst, dass diese Form zu sitzen nicht mehr aktuell zu sein scheint. Die Forderung, der Bewegung des Pferdes elastisch zu folgen, ist ja auch richtig - für das ausgebildete Pferd. Für das rohe, auf der Vorhand gehende schiefe Pferd, ist es störend, wenn unser Sitz in die Bewegungsrichtung zur Vorhand mitschwingt.

Locker ja, aber auch sehr vorderlastig.

Die drei Gleichgewichtsrichtungen bei Brambilla Sitzentwicklung

In der Gleichgewichtsrichtung zur Vorhand

Astuto ist schon nicht mehr so vorderlastig wie zu Beginn unserer Arbeit. Dennoch kann er sich noch nicht in Selbsthaltung zeigen und somit sich selbst tragen. Unter einem Pferd, das sich selbst trägt, versteht man eins, das sich in der Gleichgewichtsrichtung der Hohen Schule befindet. Es wird einleuchtend sein, das ein Pferd, welches sich noch nicht selbst tragen kann, das Zusatzgewicht des Reiters, auf seine Vorhand wirkt, nicht gut verträgt, wenn wir an diesem Zustand etwas verändern möchten.

Es wird sich sicherlich besser anfühlen, sich der Gleichgewichtsrichtung des Pferdes anzupassen, als dem Pferd einen Sitz anzubieten, an dem es sich in Zukunft orientieren soll. Brambilla hat hier schon gelernt, ihr Gewicht über den Steigbügel etwas abzustützen, damit sie die Vorhand im Moment der Abwärtsbewegung des jeweiligen Hinterbeines nicht unnötig zusätzlich belastet. Lediglich ihre Schulterblätter und ihre Kopfhaltung sind noch nicht wie gewünscht. Schauen wir uns aber nochmals ihren Ausgangssitz an, so ist gut zu erkennen, dass Brambilla einen Rundrücken machte. Diesen gerade zu bekommen und die Schulterblätter richtig zurück zu nehmen, ohne dass der Kopf leicht nach vorne drängt, ist sehr schwer. Da ein Rundrücken oft einhergeht mit verkürzten Sehnen und Bändern im Rücken- Nackenbereich, dauert es, bis der menschliche Körper die nötige Elastizität erreicht hat. Uns Menschen ergeht es da nicht anders als dem Pferd.

In der Gleichgewichtsrichtung der Campagne- Schule

Astuto hat gelernt, sein Gewicht vermehrt auf die Hinterhand zu verlegen. Brambilla sitzt nun auch mehr am Pferd. Sie belastet jedoch noch nicht das Hinterbein, welches sich in der Luft befindet. Der wechselseitige Bügeltritt verschafft so ihrem Bein einen Spannungsbogen, der verhindert, dass sie mit ihren Gesäßknochen abwärts in den Sattel wirkt. Das Becken begleitet die Bewegung, ohne dass die Reiterin ihr Gewicht in den Sattel ganz absinken lässt. Das wäre zu diesem Zeitpunkt noch zu früh. Astuto musste zunächst erst lernen, dass er seine Hanken biegt. Das ist ohne das Zusatzgewicht des Reiters eine beachtliche Leistung. Für den Organismus Pferd bedeutet das, er muss erst in die Lage versetzt werden, diese Belastung mühelos zu zeigen, dazu benötigt das Pferd Kraft und Elastizität. Aber nicht nur der Körper muss hier mitspielen, sondern auch der Kopf. Ein Pferd muss auch Willen zeigen. Die beste Motivation ist das Gefühl: Wow, ich kann das. Je leichter wir es dem Pferd machen, die geforderte Leitung zu zeigen, umso freiwilliger wird es sich bemühen.

In der Gleichgewichtsrichtung der Hohen Schule

Astuto hat gelernt, seine Hanken deutlich zu biegen, dadurch zeigt er eine hervorragende Absenkung der Hinterhand, die eine Aufrichtung der Vorhand zur Folge hat.

Er besitzt nun auch die ausreichende Kraft, seine Reiterin in Richtung seiner Hanken ausbalanciert zu tragen. Brambilla sitzt nun wie es gefordert wird, locker mitschwingend mit der Bewegung des Pferdes. Diese Sitzforderung wird aus meiner Sicht zu früh auf dem Rücken des Pferdes angewendet. Pferde, die noch nicht die Attribute der Hohen Schule erreicht haben, können einen Reiter nicht kompensieren, der sich elastisch der schiefen und vorderlastigen Richtung anpasst.

Wir änderten Brambillas Grundspannung. Das Andrücken des Knies, einen flach angelegten Oberschenkel, verbunden mit zeitgleicher Bauchspannung, um den eigenen Körper daran zu hindern in sich zusammen zu fallen. Was dann geschah war auch für mich unglaublich, der Hengst reagiert sofort auf diese Korrektur.

Etwas mehr Grundspannung in Brambillas Sitz honorierte Astuto umgehend

Was wir beim Pferd verändern mussten

Zumindest mussten wir nichts am Sattel verändern, denn der war - zu meiner Freude - passend. Astuto wird zwar heute auch ausschließlich mit einem Fellsattel geritten, dies lag aber nicht an einem schlecht passenden Sattel - aber dazu später mehr.

Unser Ziel war es, die Lebensfreude im Pferd zu wecken - und dazu brauchte Astuto Energie, die er nicht zu haben schien.
Das Training änderte sich deutlich.
Kurze Arbeitsphasen und viel Lob, das war nun unser neues Geheimrezept.
Treu nach der bekannten Devise „Weniger ist mehr“, machten wir uns an die kurze Arbeit. Ein paar Tritte die gut klappten - und Pause. Ein-, zweimal wiederholen, dann absteigen.

So konnte es schon mal sein, dass nach einer halben Stunde Schluss war.
Astuto lernte sehr schnell und wollte nun alles richtig machen. Voller Übereifer ging das ehemals „faule“ Pferd an die Arbeit. Seine absolute Spezialität - das Setzen auf die Hinterhand – machte er fast von selbst und wartete nur, dass seine Reiterin ihn ließ.

Schön gesetzt gelingen sogar die Galopppirouetten wie von selbst.

Brambilla musste ihn nur noch machen lassen. Und das bedeutete auch, dass er machen durfte!

Leider versäumen immer noch viel zu viel Reiter, ihrem Pferd auch mal ein wenig Mitspracherecht einzuräumen und die Leistungen des Pferdes anzunehmen. Auch und gerade dann, wenn man eigentlich was ganz anderes reiten wollte. Nicht nur bei unserem Spanier war und ist die Motivation der Schlüssel zum Erfolg.

Zum Fellsattel kamen die zwei aufgrund einer fixen Laune, es war schlichtweg ein spontanes Experiment. Astuto konnte mittlerweile einiges, er ging traumhaft und Brambilla war schlichtweg neugierig, wie sich ihr Pferd unter dem Fellsattel anfühlen würde.

Die übliche kurze Eingewöhnung für den Reiter, ein paar Hinweise von mir und Astuto steppte über den Reitsplatz.

Schwungvoll geht es auch im Fellsattel über den Reitplatz.

„Toll, so deutlich habe ich die Bewegungen meines Pferdes noch nie gefühlt..."
Astuto's Sattel hängt nun im Keller, der Fellsattel im Sattelschrank. Brambilla möchte auf die Nähe zum Pferd nicht mehr verzichten und Astuto scheint dem zuzustimmen.

Und im Winter ist der Fellsattel zudem auch schön warm.

Die Entwicklung von Astuto im Bild

Das sogenannte Freizeitpferd

Wir kennen alle die Einteilung unserer Reitpferde – entweder haben wir ein so genanntes Sportpferd oder eben ein Freizeitpferd.
Im Prinzip ist diese Kategorisierung lediglich ein Hinweis auf den Gebrauch des Pferdes. Jedes Pferd, unabhängig von seiner Rasse, kann ein Freizeitpferd sein. Es gibt aber Pferderassen, die man überwiegend zu den Freizeitpferden zählt. Diesen Pferden ist das folgende Kapitel gewidmet.

Bommel

Ein Irish Tinker

Der Tinkerwallach Bommel wurde aus Irland importiert und kam über einen Pferdehändler so in den Besitz von Silke.

Der Irish Tinker, auch bekannt als Coloured Cob oder Gypsy Cob, stammt ursprünglich aus Großbritannien und Irland. Er war einst das Zugpferd der Kesselflicker und Zigeuner und galt dort eher als Arme-Leute-Pferd. Über den Kanal gelangte er auch nach Deutschland und ist seit 2005 als eigene Rasse anerkannt.
Seine Wesenszüge machten ihn gerade als Freizeitpartner sehr beliebt. Durch sein ausgeglichenes Gemüt und seine ruhige Art gilt er als besonders geeignet als Allrounder.
Zwar sagt man ihm nach, er sei hin und wieder etwas stur, aber dafür selten nervig und aufbrausend.
Sein Exterieur ist kräftig, verbunden mit einem kurzen Rücken, oft einem sehr geraden Hinterbein und einem starken Hals. Als Dressurpferd eignet sich der Tinker eher auf den zweiten Blick.

Hier waren wir schon mächtig stolz auf unseren Bommel, weil er einigermaßen rund ging und fleißig war. Bis dahin war es ein hartes Stück Arbeit gewesen.

Aber auch Silke wollte einen Partner, sowohl für gemütliche Ausritte, als auch für schöne Stunden auf dem hauseigenen Reitplatz. Dass ein Tinker da nicht das Vermögen eines gut durchgezüchteten Warmblüters haben würde, war selbstverständlich. Die Rasse faszinierte sie aus ganz anderen Motiven. Die Statur, das bunte Fell, die etwas schwerfällige Erscheinung machten ihr diese Rasse so liebenswürdig. Aber gerade die vermeintlich schwerfällige Erscheinung kann täuschen, das beweist uns Bommel heute auf seiner freundlichen Tinkerart beinnah täglich.

Und das ist Bommel heute. Von einem schwerfälligen Tinker keine Spur mehr.

Der Tinker „Bommel“, war also eine bewusste Kaufentscheidung.
Als dreijähriger, leicht angeritten und vertraut mit den Wesenszügen der Bodenarbeit, zog Bommel in den Offenstall von Silke ein.
Die ersten Reitversuche auf dem heimischen Reitplatz waren sehr ernüchternd. Bommel war so schief, dass er es, gemeinsam mit seiner Reiterin auf dem Rücken, kaum durch eine Ecke schaffte.

Bommel steht hier zwar nur. Schaut man aber genauer hin, kann man unschwer erkennen, dass die komplette linke Körperhälfte schief steht.

So geht es nicht, das war Silke klar. Aus langjähriger Erfahrung wusste sie, dass es besser sein würde, das Pferd im Gelände zu reiten, wo sie ihren Bommel viel geradeaus gehen lassen konnte. Da er sehr brav war und auch nicht dazu neigte, sich zu erschrecken, stand dem Vorhaben nichts im Wege.
Gesagt getan - und nach einer Woche war der Tinker lahm. Aufgrund der massiven Schiefe litt Bommel unter einer immer wieder auftauchenden Kreuzdarmbeinblockade, die mit weiteren Blockaden der ganzen Wirbelsäule des Pferdes einhergingen. Viele Versuche stellte Silke an. So war Bommel beispielsweise eine Zeitlang Gast bei einem renommierten Institut, das sich intensiv mit der Schiefe des Pferdes befasst. Geholfen hatte es den beiden schon. Aber als Silke wieder vermehrt geritten ist, stellten sich die alten Beschwerden erneut ein.

Zu diesem Zeitpunkt begegneten wir uns. Bommel war schief, das konnte ich uneingeschränkt bestätigen. Auch war er sehr faul. Triebig, so dass man fast den Eindruck haben konnte, das Pferd müsse man über den Reitplatz tragen. So geriet auch Silkes Sitz in Bewegung, resultierend aus dem Wunsch, das Pferd dazu zu veranlassen, sich mehr in Bewegung zu setzen. Diese Idee war jedoch nur mit wenig Erfolg gekrönt.

Was musste verändert werden

Erst einmal war es entscheidend, dass Bommel lernte, von sich aus zu laufen, bevor daran zu denken war, ihn gerade zu richten. Um das zu erreichen, musste Silke aufhören, durch ihren Sitz überdeutliche Impulse zum Weiterlaufen zu geben. Gerade ihre Unterschenkelbewegungen waren „enorm". Auf feine Hilfen reagieren - ein weit entferntes Ziel.
Wenn wir möchten, dass ein Pferd auf wenig reagiert, dürfen wir auch nur wenig mit dem Körperteil tun. In unserem Fall ging es um den Sitz, der nicht mehr schieben und drücken sollte, und um die Unterschenkel, die ständig in den Rippenbereich des Pferd klopften.

Bommel blieb stehen, das war zu erwarten. Zunächst übernahm ich von unten das Vortreiben, bewaffnet mit einer Gerte, und begleitete jeden Schritt des Pferdes. Verzögerte er und ging er nicht zügig voran, trieb ich mit der Gerte leicht nach. Jede kleinste positive Reaktion belohnten wir mit der Stimme und auch mit einem Lecker, wenn er besonders gut antrat.

Als großer Freund von Lebensmitteln lernte Bommel sehr schell und Silke übernahm bald die Aufgabe ihrem Pferd selbst den Impuls zum Antritt zu geben, indem sie nur eine leichte Körperspannung herstellte. Noch bewusst, ohne Einsatz der Unterschenkel. Denn die Wade gebrauche ich zum Herantreten des Hinterbeines, nicht zum Vortritt.
Reagierte Bommel nicht so wie gewünscht, kam eine Aufforderung mit der Stimme und dann gegebenenfalls eine leichte Aufforderung mit der Gerte. Jedes Mal, wenn es klappte, gab es ein extra großes Lob plus Lecker.
Bommel wurde sehr schnell übereifrig und ging vorwärts.
Nun konnten wir mit ihm arbeiten. Denn nur ein Pferd, das von sich aus vorwärts geht, lässt sich reiten - lässt sich gymnastizieren, um der natürlichen Schiefe und der Vorderlastigkeit entgegen zu wirken.

Der Weg zum Dressur - Tinker:

Bei Pferden, die über so eine ausgeprägte Schiefe verfügen, wie der Tinker Bommel, ist es wichtig, sie nie in eine Verspannungsbewegung hinein zu reiten. Praktisch bedeutete dies zunächst, dass wir kurze Einheiten wählten. Erst im Schritt, dann kam der Trab dazu und ganz zum Schluss der Galopp. Gerade bei Rassen, die von Hause aus über wenig Schwung verfügen, macht es Sinn, die Pferde nicht zu lange am Stück traben bzw. galoppieren zu lassen. Der Unterschied zwischen einem Vollblut und einem Kaltblut ist unter anderem die Größe des Herzmuskels. Der Vollblüter besitzt im Verhältnis zu seiner Körpermasse ein größeres Herz als ein Kaltblut. Dadurch ist Konditionstraining bei Vollblütern einfacher. Auch wenn Bommel kein Kaltblut ist, besteht zwischen seiner Körpermasse und der Größe seines Herzmuskels eine kleine Diskrepanz. Ihn Runde um Runde locker traben zu wollen oder ihn mit vielen Übergängen der Gangarten zu plagen, würde ihn nur ermüden. Wir müssen uns ein wenig mit der Trainingslehre beschäftigen, um zu verstehen wie viel Bewegung trainiert, und wie viel Bewegung zum Abtrainieren führt. Training bedeutet den Aufbau von Ausdauer, Kraft, Koordination, Flexibilität und Schnelligkeit.
Es ist erstaunlich, wie wenig wir uns mit den sportwissenschaftlichen Erkenntnissen der Trainingslehre im Reitsport beschäftigen. Dabei ist es entscheidend für den Erfolg und vor allem für die Gesunderhaltung von Mensch und Pferd. Viel trainingsbedingte Verletzungen ließen sich verhindern.
Die Muskelphysiologie beim Pferd unterscheidet sich wenig von der des Menschen, so lassen sich viele Erkenntnisse der Trainingslehre weitgehend auf das Pferd übertragen. Damit es nun nicht zu wissenschaftlich wird, werde ich mich hier auf ein paar allgemeine Erkenntnisse beschränken. Dass der Organismus Pferd nicht zu Reitzwecken ausgelegt ist, ist bekannt. Er muss trainiert werden. Es braucht nicht nur viel Zeit, bis das Pferd psychisch bereit ist, seiner

neuen Existenzberechtigung willig zu entsprechen, auch muss sein Körper dieser Anforderung gewachsen sein. Kondition muss aufgebaut werden; Kraft muss sich entwickeln und schließlich sollte der komplette Bewegungsapparat der neuen Belastung auch noch standhalten können. Jeder von uns, der sich schon mal mit der ein oder anderen Sportart auseinander gesetzt hat, weiß, langsam beginnen, ganz piano die Anforderungen steigern und, ganz wichtig: die Erholungsphasen einhalten.
Für unseren Tinker war wichtig, ihn nicht außer Atem zu bringen. Wir bauten erst die Kraft auf, bevor wir an das Konditionstraining gingen. Ähnlich wie das Krafttraining im Fitness- Studio, verfolgten wir das Prinzip: Eine Bewegung richtig ausgeführt - Pause - und dann die Wiederholung.

Wie Sie sich erinnern werden: Bommel war schief. Nachdem er gelernt hatte zu zünden, ging es nun daran ihn gerade zu richten. Die erste Geraderichtung ist die, dass wir das Pferd in sich gerade bekommen. Das bedeutet, dass wir zunächst das Pferd im Hals gerade auf dessen Schulterachse ausrichten. Zu diesem Zeitpunkt ist unser Pferd immer noch schief, aber erst einmal versuchen wir zu verhindern, dass unser Pferd sich nicht weiter über den Hals ausbalanciert. Diese Arbeit ist nicht misszuverstehen mit am Zügel zu ruppen und vorne festzuhalten. Der Zügel ist locker, der Pferdehals wird für einen ganz kurzen Moment vorsichtig in eine gerade Haltung zur Schulterachse gebracht, danach geben die Hände nach. Fällt der Hals dann wieder in die schiefe Richtung, beginnt der Reiter erneut, den Pferdehals zu korrigieren. Jetzt gilt es geduldig zu sein, denn irgendwann wird das Pferd in dem Moment, wo die Hände sich öffnen, sich nicht schief ausrichten. Kommt dieser Moment, erfolgt das Lob und die sofortige Beendigung der Arbeit. Wenn das Pferd gelernt hat, seinen Hals gerade auf seiner Schulterachse zu tragen, kann die eigentliche Arbeit beginnen. Das Pferd gerade zu richten.

„Das richtig gerittene Schulterherein löst jedes reiterliche Problem."
Und das trifft besonders auf das Vorhaben zu, ein Pferd von seiner natürlichen Schiefe zu befreien.

Sobald das Pferd leicht in der Hand ist kann man daran denken, das Pferd gerade zu richten.

Das Schulterherein bietet uns sehr viele Möglichkeiten der Gymnastizierung. Zunächst lernt das Pferd seinen jeweiligen inneren Hinterfuß diagonal unter seinen Körper zu bringen. Damit erzeugen wir sowohl eine Dehnung von Sehnen, Bändern und Gelenken, als auch eine Kraftentwicklung, die nötig ist, um die Tragkraft beim Pferd zu entwickeln. Darüber hinaus erhält das Pferd durch die vermehrte Dehnung der Körperaußenseite und der Absenkung der Körperinnenseite die erste Längsachsenbiegung.

Schulterherein im Schritt gymnastiziert das Pferd.

Bommel lernte flott und reagierte sehr gut auf die Körperrichtung des Reiters. Silke lernte, ihrem Pferd die gewünschten Veränderungen in Tempo, Kadenz und Richtung durch ihren Körper mitzuteilen.
Auch an schwierigere Lektionen konnten wir uns heran wagen. Obwohl seine Reiterin zuvor noch nie eine Traversale geritten ist, klappte es auf Anhieb. Und Bommel hatte auch keinerlei Vorerfahrungen diesbezüglich.

Schulterherein im Trab. Man kann schön erkennen wie Bommel seinen inneren Hinterfuß unter sein Körpergewicht bringt, und sich dadurch die Kruppe senkt. So entsteht die Längsachsenbiegung.

Wenn wir unsere „Hausaufgaben" sorgfältig gemacht haben und die Grundlagen eines durchlässigen Pferdes erreicht worden sind, gelingen auch vermeintlich schwere Lektionen problemlos.

Wir arbeiteten Bommel zu Beginn mit einem herkömmlichen Ledersattel. Für einen Tinker einen passenden Sattel zu finden, gestaltet sich als nicht so leicht. Bommels Ledersattel gehörte auch zu der Sorte einer großen Kompromisslösung.
Aufgrund meiner guten Erfahrungen mit dem Fellsattel, kam mir die Idee - probieren wir den doch auch mal auf dem Tinker.

Bommel fand die Idee sehr gut und aus dem schwerfälligen bunten Tinker ist nach und nach ein sehr sensibles und auch schon mal lustiges Pferd geworden, das auch die Passanten am Wegesrand zum Verweilen einlädt.

Premiere für beide die erste gemeinsame Traversale.

Die Entwicklung von Bommel im Bild

Laura

Das Fjordpferd

Laura das Fjordpferd

Laura ist ein echter Norweger, so wie man ihn sich vorstellt. Ein Kumpel, der mit einem durch dick und dünn geht. Dieses Pferdchen hat schon so manchem Reiter das Reiten beigebracht. Ob es nun Reitanfänger waren, oder Schüler, die einfach mal empfinden wollten, wie fühlt sich ein Pferd an, das locker ist. Eins, das auf die geringsten Hilfen reagiert.
Lektionen einüben, ohne dass man viel tun musste. Laura erfüllt alle Anforderungen an ein gutes Schulpferd. Natürlich war der Weg dahin nicht ohne ein paar ganz kleine Stolpersteine, aber wirklich nur ganz kleine, da dieses Pferd ausgesprochen leichtrittig geworden ist.

Bei unserer ersten Begegnung hätte ich diese Qualitäten nicht erwartet. Denn ich sah ein Pferd mit festgehaltenen Bewegungen. Der kurze, gedrungene Hals ließ es kaum zu, Laura an die Hilfen zu stellen. Darüber hinaus konnte sie eine ausgesprochene Schieflage einnehmen.

Laura wusste es gut zu kaschieren, dass sie leichtrittig ist. Kurz im Hals, mit sehr wenig Ganschenfreiheit und schwunglosen Trabbewegungen, erwartete ich ein hartes Stück Arbeit.

Auch der Galopp bestätigte meinen ersten Eindruck. Es wartete ein gutes Stück Arbeit auf uns.

Aber ich musste feststellen, dass ich mich gewaltig geirrt hatte. Laura machte wider Erwarten sehr gut mit. Obwohl ihr Gebäude eigentlich nicht das herzugeben scheint, was sie an Leistungsbereitschaft ihm entgegensetzt. Ihr Gebäude entspricht der Rasse, auch dem Image, leichtfuttrig zu sein, und so etwas zu viel auf den Rippen zu haben.

.

Das Sattelproblem

Lauras Sattellage war auch nicht so einfach. Ein kurzer Rücken mit leichtem Schwung. Die meisten Sättel lagen so vorne und hinten auf, aber in der Mitte schwebten sie frei Sattler kamen und gingen. Im Glauben, einen passenden Sattel zu besitzen, ritten wir fröhlich weiter. Obwohl der Sattel nicht optimal passte, lief Laura willig. Das ist schon traurig genug, aber sie war immer eifrig bei der Sache und motiviert, etwas Neues zu lernen.

Nur das ungute Gefühl wuchs in uns und damit auch die Gewissheit, der Sattel passt nicht. Der Fellsattel war auch hier eine Wahl, die aus der Not geboren wurde. Eine gute und auch eine

kostengünstige Entscheidung. Denn nach allen intensiven Nachfragen bei den diversen Sattlern war klar: es würde wohl ein Maßsattel werden müssen und dafür war das Geld nicht da. Vergegenwärtigen wir uns, ein Fellsattel kostet so um die 300,- Euro, ein guter Sattel mit Baum so 1000,- 3500,- Euro, einen Maßsattel kann man sich anfertigen lassen so ab 2500,- 4000,- Euro, selbstverständlich sind nach oben keine Grenzen gesetzt, teurer geht immer.
Das sind zwar jetzt alles Werte ohne Gewähr, aber ungefähr treffen sie den Marktwert der einzelnen Produkte. Die Preisspanne beim Pferdekauf ist sehr unterschiedlich. Aber gerade im Freizeitbereich ist das Pferd nicht viel teurer als ein guter Markensattel mit festem Baum. Der Markt biete zwar gerade für dieses Klientel viele Billigprodukte an, nur sollte jeder verantwortungsvolle Pferdebesitzer die Finger von solchen vermeintlichen „Schnäppchen" lassen. Qualität hat nun mal ihren Preis und die Billigsättel mit festem Baum schaden der Gesundheit Ihres Pferdes und sind darüber hinaus nicht geeignet, eine gute Haltung auf dem Pferderücken ein zu nehmen. Ein Sattel - ob nun mit oder ohne Baum - bildet eine Kommunikationsebene zwischen dem menschlichen Körper und dem des Pferdes. Wir sollten uns der Bedeutung bewusst werden, wie wichtig ein gut sitzender Sattel für Reiter und Pferd ist und tunlichst darauf achten, nur passende Sättel auf einen Pferderücken zu platzieren.

Der Weg zum Lehrpferd

Wie viele Freizeitpferde, die keine Grundausbildung genossen hatten, war Laura vorderlastig und schief. Fest im Rücken und von einer feinen Anlehnung keine Spur. Wir begannen also ganz von vorne. Erst mal longieren, um eine gute Grundlage zu schaffen. Unter dem Sattel erarbeiteten wir das Schulterherein im Schritt, daraus trabten wir sie nach geraumer Zeit auch kurz an. Zunehmend wurde die Stute durchlässiger und feiner. Wir achteten immer darauf, nicht in Bewegungsmuster zu verfallen, die eine Verspannung hervorgerufen hätten. Das bedeutete in der Praxis, kurze Übungseinheiten und immer wieder Pause, sobald wir bemerkten, dass die Stute sich verspannte. Laura war eifrig bei der Arbeit und auf jede Korrektur änderte sie - wie gewünscht - ihre Haltung.

Ein wesentlicher Bestandteil der Ausbildung ist das Ablassen der reiterlichen Hilfen, sobald das Pferd reagiert. So lernte auch Laura, auf ein Minimum der Hilfen Folge zu leisten. Ihre Ausbildung vollzog sich problemlos.

Ihre größte Stärke - Laura war für Reitschüler einfach nachzureiten.
Gibt der Schüler eine falsche Hilfe, so bleibt das Pferd ruhig und gelassen, zeigt seinem Reiter an, dass etwas nicht stimmte, und wie ich es bereits erwähnt habe, sowohl bei absoluten Reitanfängern, als auch bei fortgeschrittenen Reitern, die an dem Feinschliff der Hilfen arbeiten wollten. Ein Pferd, das so viele Eigenschaften in sich vereinen kann, gibt es selten. Unsere Laura macht ihrer Rasse alle Ehre und erfüllt durchweg alle guten Eigenschaften eines vielfältigen Freizeitpartners und eines guten Lehrmeisters.

Die Entwicklung von Laura im Bild

C

Sorano

Der Haflinger

Soranos Namen entspricht zwar nicht wortgetreu dem bekannten spanischen luftgetrockneten Schinken „Jamon Serrano", dennoch wurde dies zu seiner Bestimmung erklärt, als er etwa ein halbes Jahr alt war.
Viele Haflinger-Hengstfohlen kommen in die „Wurst". Zum einen stellen sie einen überflüssigen Überschuss der kosmetischen Stutenmilchproduktion dar, denn auch eine Pferdedame gibt nur Milch, wenn sie ein Fohlen bekommen hat und ein Hengstfohlen ist ein unerwünschtes Nebenprodukt; zum anderen gilt bei der Haflinger-Zuchtauswahl ein hoher Anspruch in Bezug auf die Fellfarbe und den Behang. Pferde, die dem Ideal nicht entsprechen, landen allzu oft beim Abdecker.

Sorano stand bei einem Pferdehändler kurz vor dem Abtransport zum Schlachter, als Sandra Sorano sah. Gerührt von seinem süßes Aussehen und schockiert über sein bevorstehendes Schicksal, entschloss sie sich kurzerhand, dem Pferdehändler das Hengstfohlen abzukaufen.

Viel Erfahrung hatte Soranos Besitzerin nicht, ein paar Besuche in einer Reitschule, das war es auch schon.
Und so geht es manchem Fohlenbesitzer, - ahnungslos beginnt für ihn ein ganz besonderes Abenteuer. Was man sich zunächst so einfach vorstellt, wird schnell zu einer ganz besonderen Herausforderung. Die Erziehung des Fohlens ist schon ein eigenes bzw. großes Thema, Soranos Besitzerin hatte das Glück, viel Unterstützung durch eine Freundin zu bekommen, die sich mit Pferden sehr gut auskannte, und auch im Umgang mit Fohlen nicht ganz unbedarft war.

Wer kann so einem süßen Fratz schon widerstehen?
Soranos Zukunft war gesichert

Das süße gerettete Fohlen

Ja, Sorano war schon süß, aber auch frech. Wie es sich für ein Fohlen gehört. Seine Besitzerin fühlte sich oft genug überfordert und liebäugelte hin und wieder damit, ihn zu verkaufen. Zumal der große Tag immer näher rückte, bald sollte er endlich angeritten werden. Die Tierärztin bestätigte ihr zwar, dass er mit seinen erst 3 1/2 Jahren noch nicht reif genug sei und sie ruhig noch etwas warten könne, aber schon mal mit etwas Bodenarbeit und Spaziergängen ins Gelände beginnen soll. Soranos Besitzerin war klar, dass sie nun professionelle Hilfe benötigte. Zum einen wollte sie nichts falsch machen, da ihr bewusst war, dass gerade in der Anfangsphase einer Ausbildung sehr viele Fehler gemacht werden können, und zum anderen war sie sehr unsicher und hatte - verständlicherweise - auch etwas Angst. Sie wusste, dass - wenn sie beispielsweise mit ihm spazieren gehen würde - sie sich schon beim Gedanken an große motorisierte Fahrzeuge ins „Hemd" macht. Um nur mal einen Grund zu nennen, vor dem man sich im Vorfeld schon mal beunruhigen kann, ohne das etwas passiert ist. Die Vernunft sagte ihr zum Glück, dass es keinen Sinn macht, mit einem jungen Pferd etwas zu tun, wenn man unsicher ist und obendrein noch mit der eigenen Angst zu kämpfen hat. Entweder überträgt sich die Unsicherheit und die Angst auf das Pferd, oder das Tier tanzt einem auf der Nase herum. Das ist nicht nur unangenehm, sondern auch gefährlich, bedenken wir dabei immer, dass ein Pferd, auch ein Pferd, das noch nicht ausgewachsen, sondern heranwachsend ist, uns kräftemäßig immer überlegen sein wird. Und so kam ich ins Spiel.

Die Anfänge

Sorano war bereits an viele Tätigkeiten gewöhnt. Er war halfterführig, gab brav alle vier Hufe, auch das Longieren am Halfter klappte schon ganz gut und den einen oder anderen Spielparcour hatte er auch schon kennen gelernt. Er ging anstandslos über Planen, die am Boden lagen, ging durch Flatterbandvorhänge und über Holzbrücken. Den Anbindeplatz mochte er nicht so, da er von seinen „Kumpels" weg musste und still stehen sollte. Das sah Sorano überhaupt nicht ein und so drehte er sich permanent hin und her. Man konnte sagen, im Großen und Ganzen verfügte er über ein sehr ausgeglichenes Gemüt, gepaart mit einem leichten „Haflinger-Sturkopf".

Wir bauten die schon begonnene Bodenarbeit weiter aus, gingen mit ihm spazieren, klärten ein paar „Umgangsformen", wie z.B. das ruhige Stehenbleiben am Anbindeplatz und die Erfahrung, dass man als halbstarkes Pferd einen Menschen nicht so einfach anrempeln darf. Auch starteten wir mit der Longenarbeit an der Doppellonge.

Die gute Basisarbeit machte sich bezahlt, vertrauensvoll und gelassen ließ er sich auf alle neuen Herausforderungen ein, auch die Arbeit mit der Doppellonge stellte kein Problem dar.

Sorano gewöhnte sich sehr schnell an neue Aktionen, ohne sich auch nur im Geringsten aufzuregen, darüber hinaus lernte er schnell und war arbeitswillig. Ein wahrer Musterschüler, der immer gut gelaunt mitspielte.
Schließlich machten wir ihn dann auch mit dem Reitergewicht bekannt, indem ich seine Besitzerin erst über Soranos Rücken legte, bis sie schließlich ganz aufsitzen konnte. Dies machten wir zunächst alles ohne Sattel.
Und damit waren wir auch schon bei einem zukünftigen Problem. Sorano war noch mitten in der Entwicklung, ein Sattel mit Baum, den wir heute wählen würden, hätte zu diesem Zeitpunkt nur eine geraume Zeit gepasst, dessen waren wir sicher.

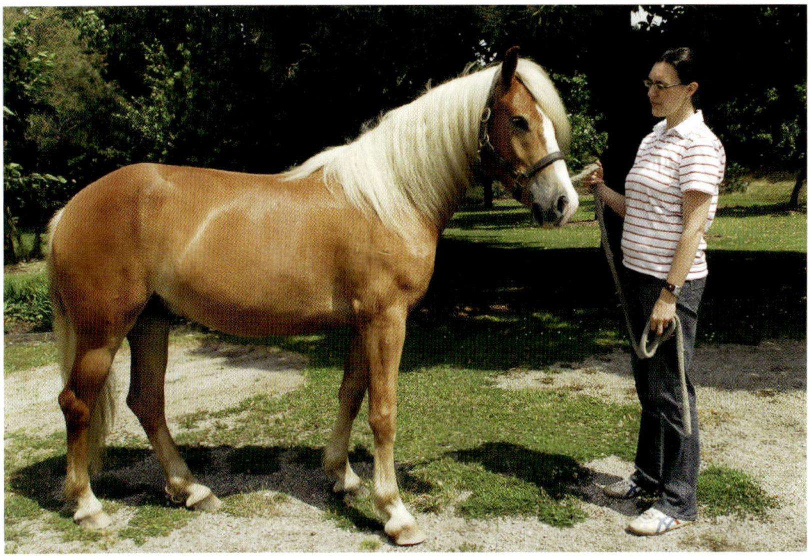

Es ist gut zu erkennen, dass Sorano auch als vierjähriger mit seiner körperlichen Entwicklung noch nicht abgeschlossen hat.

Seine Besitzerin graute es schon vor den zu erwartenden Kosten für einen Sattel mit festem Baum. Und so empfahl ich auch in diesem Fall, als Alternative zum Sattel mit Baum, den Fellsattel. Die Anreitphase verlief ohne Probleme und auch seine Besitzerin fühlte sich auf ihrem Pferd und im Fellsattel wohl.

Sorano gewöhnte sich auch an das Reitergewicht ohne nennenswerte Probleme

Sie hatte zwar viel Freude an ihrem Sorano, aber nicht annähernd eine so große Begeisterung wie ihre Freundin Sara, die immer mit uns gemeinsam arbeitete.
Nach vielen Gesprächen stand der Entschluss fest, Sara wird den „Haffi" übernehmen. Ich setzte die Arbeit zusammen mit Sara weiter fort und wir entdeckten nicht nur einen lernwilligen und leistungsstarken Haflinger, sondern auch ein Pferd mit sehr viel Potential.

Die Arbeit mit der Doppellonge

Wir arbeiteten Sorano zunächst über einen längeren Zeitraum an der Doppellonge. Ich nehme mir gerade für diese wertvolle Anfangsarbeit sehr viel Zeit. Aus Erfahrung weiß ich, wie wichtig ein gutes Fundament ist, und der Einsatz der Doppellonge bildet in diesem Zusammenhang ein wertvolles Hilfsmittel.

Hat das Pferd sich an die zwei Longen gewöhnt, beginnt die Gymnastizierung. Wir erarbeiten die erste Anlehnung, stellen so auch die Dehnungshaltung her und achten auf die erste Einstellung der Längsachsenbiegung, bei der das Pferd mit dem inneren Hinterfuß diagonal unter seine Körperfläche fußen muss. Durch dieses Fußen entsteht ein Absenken der inneren Kruppe, aufgrund der daraus resultierenden Hankenbiegung des inneren Hinterfußes entsteht die Längsachsenbiegung.

Auch nachdem Sorano längst die „Remonten Schule" abgeschlossen hat, ist die Arbeit mit der Doppellonge ein Bestandteil seines Trainings.

Der Weg zum Reitpferd

An das Reitergewicht war Sorano nun gewöhnt, jetzt musste er die reiterlichen Hilfen kennen lernen. Für Sara war es nicht das erste Pferd, das wir zusammen ausgebildet haben, sie war vertraut mit den Abläufen der Jungpferdeausbildung. Zu Anfang gab die Longe noch Sicherheit, und ich konnte von unten Hilfestellung leisten.

Noch bietet die Longe Sicherheit und Hilfestellung.

Es dauerte nicht lange und Sara konnte Sorano das erste Mal „frei“ auf dem Reitplatz reiten. Auch wenn wir uns durch die gute Vorarbeit sicher waren, das alles gut klappen wird, ist es immer ein aufregender Moment, wenn sich das Pferd zum ersten Mal nur noch auf seinen Reiter konzentrieren soll.

Doch bald können beide auf die Unterstützung von unten verzichten. Sara reitet hier ihren Sorano das erste Mal „frei“ auf dem Viereck.

Man sagt dem „Haffi" ja nach, stur zu sein. Dieses Vorurteil trifft auf Sorano auch hin und wieder zu, nur definitiv nicht unter dem Sattel. Er stellte sich als absolutes „Arbeitstier" heraus, der lernen wollte, und wenn es dafür auch noch ein Lecker gab, konnten wir uns kaum noch vor seinem Übereifer retten.

Schwungvoll und voller Energie - so bewegt sich Sorano mit Vorliebe.

Gerade bei den ersten versammelnden Lektionen zeigt er sein wahres Talent. Die ersten kurzen Tritte entwickeln sich meist von selber, oft kommt einem da der Zufall zu Hilfe. Wenn das Pferd die ersten Ansätze zeigt, erfolgt ein dickes Lob - und in Soranos Fall ein schmackhaftes Lecker. Für unseren „Freund von Lebensmitteln" ist dies eine wahre Motivations-Bombe.

Eine Zufallsbewegung, die ersten kurzen Tritte. Darauf können wir aufbauen.

Beim Antraben zeigte Sorano den Ansatz zu den ersten kurzen Tritten. Zwar noch weit davon entfernt, sich in den Hanken zu biegen - aber das Prinzip des Bewegungsmusters einer Piaffe wird dem Pferd so am einfachsten verständlich. Wenn dann auch noch ausgiebig gelobt wird, steht einer Weiterentwicklung nicht mehr viel im Wege.

Wir bauten die kurzen Tritte immer wieder in unser Arbeitsprogramm ein. Wie gesagt, sehr spielerisch und ohne Druck, dafür mit ordentlich viel Lob. Als er begann, diese Lektion selbst anzubieten, verstärkten wir seinen Eifer und ich gab leichte Hilfestellung von unten.

Schnell wartete Sorano auf ein Zeichen von unten und er begann mit den kurzen Tritten.

Eine vermehrte Hankenbiegung entsteht so beinah ganz von selbst, denn wenn das Pferd unbedingt will und richtig lauert - wann darf ich denn nun endlich - ist oft genug eigene Energie bei dem Pferd vorhanden, dass sich ein Setzen auf die Hinterhand ganz zufällig und automatisch einstellt. Und dann das richtige Lob, da ist der „Haffi“ nicht mehr zu bremsen.

Von den ersten kurzen Tritten bis hin zur erkennbaren Piaffe ist der Weg oft einfacher als wir es vermuten. Wir müssen lediglich auf den richtigen Moment warten und dem Pferd im richtigen Augenblick vermitteln: DU BIST DER BESTE!

Unser Bester kann aber auch schon mal ordentlich - wie man es umgangssprachlich ausdrückt - „einen aus dem Keller holen“.
Hin und wieder kann Sorano auch unter dem Fellsattel ordentlich bocken.

Aber der „Haffi“ kann noch mehr. Mal ordentlich losbocken.

Dies wird immer gern zum Anlass genommen, wenn der Hund unverhofft kläffend auf dem Nachbargrundstück an dem Zaun hinter der Hecke auftaucht. Es gibt Tage, da scheint er geradezu darauf zu warten.
Solche Situationen können immer und überall auftauchen und für so manchen Reiter sind dies angsteinflößende Momente.
Einen sicheren Halt erhält der Reiter durch eine gute Körperbeherrschung, verbunden mit einem hinreichenden Reaktionsvermögen, aber nicht zuletzt bietet ein Sattel den wichtigen zusätzlichen Halt.
Es gibt ja viele Fragen in Bezug auf den Fellsattel. Die Frage des Haltes ist hier schon eine existentielle. Selbstverständlich ist kein Sattel so sicher, dass ein Sturz ausgeschlossen werden kann, aber ist der Fellsattel für Bocksprünge geeignet?
Darauf kann ich mit einem klaren „Ja“ antworten. Der Reiter muss sich sicherlich erst einmal an den Fellsattel gewöhnen. Dies wird individuell verschieden empfunden, aber es ist möglich, den Rodeoeinlagen eines Pferdes, wie die unseres „Haffis“, souverän mit einem Schmunzeln zu begegnen.

Und das kann Sorano auch, mal richtig „einen aus den Keller“ holen, besonders wenn der Nachbarhund unterstützende Hilfe leistet, indem er unerwartet an den Zaun springt und losbellt.

Auch Sorano zählt zu den Pferden, die ausschließlich mit dem Fellsattel geritten werden. Sara ist zwar auf der Suche nach einem Sattel mit Baum, nicht um den Fellsattel zu ersetzen, aber auf dem ein oder anderen Turnier würde sie mit ihrem Haflingerwallach schon mal gerne starten. Der Fellsattel ist nach LPO auf Turnieren nicht zulässig, also brauchen wir da noch eine Alternative.

Die Entwicklung von Sorano im Bild

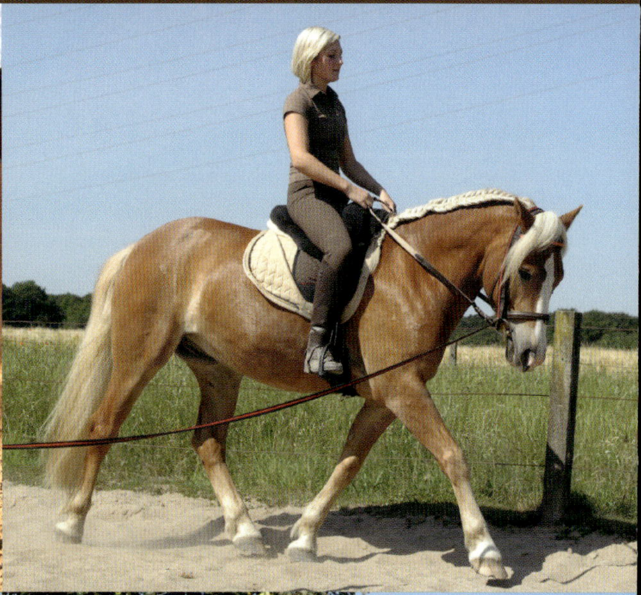

Riekje

Ein Sport-Freizeitpferd

Nachdem Sara sowohl Reitunterricht in einigen Reitschulen genommen hatte und hinreichende Erfahrungen mit Reitbeteiligungen sammeln konnte, wuchs der Wunsch nach dem ersten eigenen Pferd.
Es begann eine abenteuerliche Suche und bis ihr die Warmblutstute Riekje begegnete, gab es viel zu erleben.

Sara musste ihr erstes Pferd kurz nach dem Kauf aus Krankheitsgründen einschläfern lassen, verständlich das es ihr nach dieser schmerzlichen Erfahrung wichtig war ein gesundes und unverbrauchtes Pferd zu finden, das leicht angeritten, nicht älter als fünf und nicht zu groß war. Ganz viel Wert legte sie darüber hinaus aber auf eine gute Aufzucht und so schaute sie sich bei bekannten Züchtern um, deren positiver Ruf in der Szene bekannt war.

Viele Pferde hatte sie sich angeschaut, bis ihr die Warmblutstute Riekje begegnete. Das Probereiten verlief ganz gut - zwar war die Stute sehr gehfreudig und das Angaloppieren schien ihr äußerst viel Stress zu bereiten, aber im großen und ganzen fühlte sich Sara pudelwohl auf ihrem neuen Wahlpferd. Nachdem auch die Ankaufsuntersuchung einwandfrei war, wurde der Kaufvertrag unterschrieben.

Das eigene Pferd

Sara besaß einen großen Teil der Ausrüstung. Sogar einen Ledersattel mit Baum hatte sie von ihrem damaligen ersten Pferd. Sara war sich nicht sicher, ob der Sattel auch für Riekje passend sein würde, als ihr aber eine Sattlerin versicherte, dass sie diesen für ihre Stute umpolstern könne, schien ein befürchtetes Sattelproblem gelöst zu sein. Für die Wartezeit, bis ihr Ledersattel umgearbeitet wurde, lieh sie sich den Fellsattel ihrer Freundin aus. Diese ritt ihren Tinker schon geraume Zeit mit dem Fellsattel und war damit rundum zufrieden, so dass Sara wenig Bedenken hatte, den Sattel eine geraume Zeit als Übergang zu nutzen.

Ihr erging es wie so manch anderen auch, der Ledersattel war fertig umgepolstert und er passte dem Pferd erfreulicherweise wie angegossen, aber Sara fühlte sich in dem harten Ledersattel nicht mehr wohl. Im Gegensatz zum Fellsattel saß sie weiter weg und erlebte die Bewegung des Pferdes nicht mehr so intensiv. Sie beschloss, sich einen eigenen Fellsattel zuzulegen und hin und wieder wollte sie es mit dem Ledersattel mit Baum versuchen, aber erst mal hieß es - ab mit dem Ding in den Sattelschrank.

Der Weg zum Reitpferd

Bis dahin kannte ich Pferd und Reiterin noch nicht. Es war für mich schon ein ungewohntes Bild, als ich die beiden das erste Mal sah. „Du reitest im Fellsattel“, stellte ich erstaunt fest. „Ja“, sagt sie, eine Bekannte hätte ihr davon erzählt und sie hätte ihn dann mal probiert und nun reitet sie ihre Stute schon seit Wochen mit dem Fellsattel und sei damit sehr zufrieden.

Nachdem wir uns eine geraume Zeit über den Fellsattel unterhalten hatten, stellten wir dann gemeinsam fest, dass viel Arbeit auf uns wartet. Riekje war zwar leicht angeritten, aber die Arbeit war noch nicht gefestigt. Die Stute ließ sich kaum an die reiterlichen Hilfen stellen. Versuchten wir eine Anlehnung herzustellen, blockierte das Pferd ganz.
Um mir einen genaueren Eindruck zu verschaffen, setzte ich mich selbst auf Riekje, aber mein Eindruck von unten bestätigte sich.

Riekje zu Beginn ihrer Ausbildung, noch bilden Reiter und Pferd kein gutes Team.

Es gibt viele Lösungsansätze und es ist immer von Bedeutung, dass diese zu Reiter und Pferd passen. Sowohl Riekje als auch Sara mussten lernen. Sara musste einiges in Bezug auf Sitz und Hilfengebung ändern und die Stute brauchte eine umfassende Grundausbildung.

Damit Stute und Reiter einen schonenden und stressfreien Weg zur Anlehnung finden konnten, entschieden wir, das Pferd mit einem elastischen Dreieckszügel lang auszubinden.

Riekje wehrte sich stark gegen jeden Versuch, eine Anlehnung herzustellen.

Ein lang verschnallter elastischer Dreieckszügel half uns, dieses Problem zu lösen.

Ich weiß, dass Hilfszügel heutzutage verpönt sind, und sie auch als gefährlich eingestuft werden. Für einige Modelle mag das auch zutreffen, ich erachte aber einen lang verschnallten Dreieckszügel als weniger bedenklich als ein dauerhaftes Rausheben des Pferdes und ein verzweifelter Versuch, das Pferd durch grobe Zügelhilfen dazu zu bewegen, sich rund einstellen zu lassen.
Sara ritt ihre Stute mehrere Monate mit den Dreieckszügeln. In dieser Zeit konnten wir sehr gut an Saras Sitz arbeiten und die dazugehörige Hilfengebung verfeinern. Besonders wichtig waren Saras Unterschenkel – diese hatten ein wahres Eigenleben. Ohne dass sie es eigentlich merkte und geschweige denn kontrollieren konnte, bewegten sich ihre Unterschenkel hin und her. Ich muss dazu sagen, dass dieses Problem sehr viele Reiter haben, um nicht zu sagen die meisten. Es verging einige Zeit und wir hatten viele Sitzfehler beseitigt. Nun ging es an die Hilfenkombination, der erste Versuch, auf die Hilfszügel zu verzichten, scheiterte. Wir versuchten es danach zunächst nur zu Anfang im Schritt. Als das dann sicher und gut funktionierte, nahmen wir auch den Trab dazu.

nach einigen Monaten konnten wir auf die Dreieckszügel verzichten.

Den Galopp ließen wir erst mal ganz raus, da wartete noch ein großes Problem auf uns. Schon beim Probereiten war der Galopp abenteuerlich. Die Stute rannte erst im Trab, fiel irgendwann hektisch in den Galopp, und wenn sie drohte ihr psychisches und physisches Gleichgewicht völlig zu verlieren, bockte sie heftig los.

Ich tendiere bei solchen Pferden meist dazu, den Galopp nicht zu früh zu fordern, sondern das Pferd in den beiden anderen Gangarten zu arbeiten. Auch hier ist das Schulterherein eine sehr gute gymnastische Übung, um Kraft und Balance zu verbessern - und dies ist eine ideale Vorbereitung für die Galopparbeit.

„Das richtig gerittene Schulterherein löst jedes reiterliche Problem.“

Eine weitere Möglichkeit, die gymnastische Arbeit von unten zu begleiten, ist die Handarbeit von unten. Riekje zeigte hier sehr viel Engagement, so dass sogar die ersten kurzen Tritte entstanden. Wir bauten diese Form der Arbeit immer wieder mit ein.

Eine weitere Möglichkeit, ein Pferd zu gymnastizieren, ist die begleitende Handarbeit von unten.

Nachdem die Stute insgesamt sehr rittig geworden war, stand der ersten Galopparbeit nicht mehr so viel im Weg. Wir wagten die ersten Versuche, die oft durch ein heftiges losbocken seitens der Stute begleitet wurde.

So „locker – flockig“ ging es nicht immer. Die Stute machte anfangs gerade in der Galopparbeit viele Probleme.

Wer Bedenken hat - im Fellsattel kann man keine bockenden Pferde sitzen - der irrt. Nicht nur das Paar im vorigen Kapitel - Sara und Sorano - haben da ihre Erfahrungen mit gemacht - auch Sara und Riekje.

Ein kräftiges Bocken begleitete den Galopp häufig.

Die Bockattacken sind heute Schnee von gestern, aber anfangs gehörten sie erst mal dazu. Es war hier sehr wichtig, dass Sara nicht ihr Körpergewicht auf die Schultern des Pferdes wirken ließ. Die Reiterin musste für ihre eigene Körperwahrnehmung ihr Gewicht ungewohnt weit zurück nehmen. Optisch saß sie gerade, aber wie so häufig, kann unsere Körperwahrnehmung uns täuschen. Als die Stute merkte, dass Sara gerade sitzen bleibt - und nicht mehr nach vorn fällt - hörte das Bocken auf.

Ein vielseitiges Freizeitpferd

Wie ich eingangs schon geschrieben habe, ist die Einteilung eines Pferdes als Freizeitpferd lediglich ein Hinweis auf den Gebrauch des Pferdes. Jedes Pferd, unabhängig von seiner Rasse, kann ein Freizeitpferd sein.
Die Rheinlandstute Riekje hat ein Sportpferde-Pedigree, für ihre Besitzerin war das zweitrangig. Wichtig war ihr, ein Pferd zu finden, mit dem sie ihre Freizeit verbringen kann. Diese findet für Sara und Riekje nicht auf den Turnierplätzen statt, sondern am liebsten in der freien Natur - und dazu gehören auch schöne lange Ausritte.

Sara hat ihren Dressursattel mittlerweile verkauft, mehrere Sitzvergleiche haben sie darin bestätigt: „Ich möchte diese Nähe zum Pferd nicht mehr missen und inzwischen empfinde ich den Halt im Fellsattel als günstiger".
Und dies sind keine leeren Worte, auf der Geländestrecke gibt es so manch unverhoffte Hindernisse, die es zu überwinden gibt.

Im Fellsattel lassen sich auch kleinere Hindernisse überwinden.

Zugegeben, die ersten Springversuche sind noch etwas holprig, aber da treffen zwei Debütanten aufeinander - und Übung macht den Meister.

Und wir erinnern uns: der Galopp - es war nicht so einfach. Heute geht es auch im leichten Sitz auf die Galoppstrecke.

Locker flockig, ohne Bockattacken, geht es im leichten Sitz durch das Gelände.

Die Entwicklung von Riekje im Bild

Svenny

Eine unbekannte Rassemix-Stute

Svenny ging durch viele Hände und landete dann in einer Reitschule. Ihre heutige Besitzerin, Andrea, lernte genau dort ihr Schulpferd Svenny kennen.

Vom Schulpferd zum Privatpferd

Vom Schulpferdereiter zum Pferdebesitzer. So kommen viele ehemalige Schulpferde in den Genuss, Privatpferde zu werden. Auch Andrea kam so zu ihrem eigenen Pferd. Ein Pferd zu reiten, das war ihr Kindheitstraum. Ein eigenes Pferd stand damals nicht zur Debatte, und so wurde Andrea zu einem gern gesehenen Gast diverser Reitschulen.
Über die Jahre entstand der Wunsch nach einem eigenen Pferd - und dann dieses Pony. Viele Reitstunden hatte sie auf Svenny genommen - und ganz schleichend entwickelte sich eine Bindung zwischen der Ponytrabermix- Stute und Andrea.
Die Wege zum eigenen Pferd sind vielschichtig - und nicht immer sind es gut überlegte Entscheidungen. Das Gefühl siegt. Svenny musste es sein, das stand fest.

Der Schein mag bekanntlich trügen. Aber ein gutes Gebäude sieht anders aus.

Ich kannte die Stute gut und es freute mich, sie nun in privaten Händen zu wissen.
Svenny ließ als Schulpferd nicht erahnen, dass in ihr ein tolles Freizeitpferd mit Lerncharakter steckte. Denn das große Manko der Schulpferde an vielen Reitschulen ist: Leider sind die wenigsten Schulpferde Lehrmeister im klassischen Sinne der Reitlehre, vorwiegend handelt es sich um Korrekturpferde, die zum kleinen Preis erworben wurden. Das ist auch verständlich, wenn man die Kosten der Ausbildung eines Schulpferdes den Preisen einer Reitstunde gegenüberstellt. Qualität im klassischen Sinne ist da unmöglich.

Auch Svenny machte zunächst Probleme in der Anlehnung.

Ungeahnte Talente

Umso erfreulicher, so einen Weg vom Schulpferd zum Privatpferd mit dem darauf folgenden Lehrpferdecharakter der Stute Svenny zu sehen.

Auch diese Stute verfügte über keine einfache Sattellage. Es war sehr kostenintensiv einen gut passenden Sattel zu finden, zumal dies fast den Kaufpreis des Pferdes toppte.
Die Stute entwickelte sich ausgezeichnet unter ihrem Ledersattel mit festem Baum.

Der Pferdekrankenschein

Bis sie eine krankheitsbedingte Pause einlegen musste. Im Offenstall hatte es eine Rauferei gegeben und Svenny mitten drin. Das Ergebnis ein Griffelbeinbruch. Eine Operation stand an und danach erst mal Ruhezeit. Die Sattellage der Stute veränderte sich rasant. Der teure Sattel, der einst gut gesessen hatte, lag nicht mehr.

Andrea verfügte bereits über einen Fellsattel, um auch mal ein anderes Sitzgefühl zu bekommen. Nun war sie froh ihr Pferd wieder reiten zu können und das mit dem passenden Fellsattel. Die Stute entwickelte sich glänzend und zeigte unter dem Fellsattel ihr ganzes Bewegungspotential. Der Ledersattel stand dann bald zum Verkauf.

Die Entwicklung von Svenny im Bild

Fazit: Bewegungsfreiheit für Pferde und Reiter

Nachdem ich Ihnen einige Pferde vorgestellt habe, werden Sie sicher nachvollziehen können, dass meine Erfahrungen mit dem Fellsattel durchweg positiv waren. Alle Pferde entwickelten sich ausnahmslos sehr gut. Ich möchte im Folgenden einige Aspekte etwas genauer betrachten.

Beginnen möchte ich mit der Entwicklung der Oberlinie der „Fellsattelpferde".
Gerade bei der Brandenburger Stute Rubinie stellte ich Muskelgruppen fest, von denen ich nie geglaubt hatte, diese so deutlich zu Gesicht zu bekommen.

Die Rückenlinie des Pferdes

Beobachten wir mal unsere Rubi freilaufend, so werden wir feststellen, dass der Pferderücken sich bewegt. Gerade bei diesem durchtrainierten Pferd lässt sich ein wahres Muskelspiel erkennen.

Ein „Schulpferd“ im klassischen Sinne durchschreitet während seiner Ausbildung mehrere Ausbildungsstufen.

1) Die Remonten-Schule
2) Die Campagne-Schule
3) Die Hohe Schule

Vergleichen wir die Körperhaltungen der Pferde miteinander, so fällt auf, dass die Rückenlinie sich während der Ausbildung verändert.

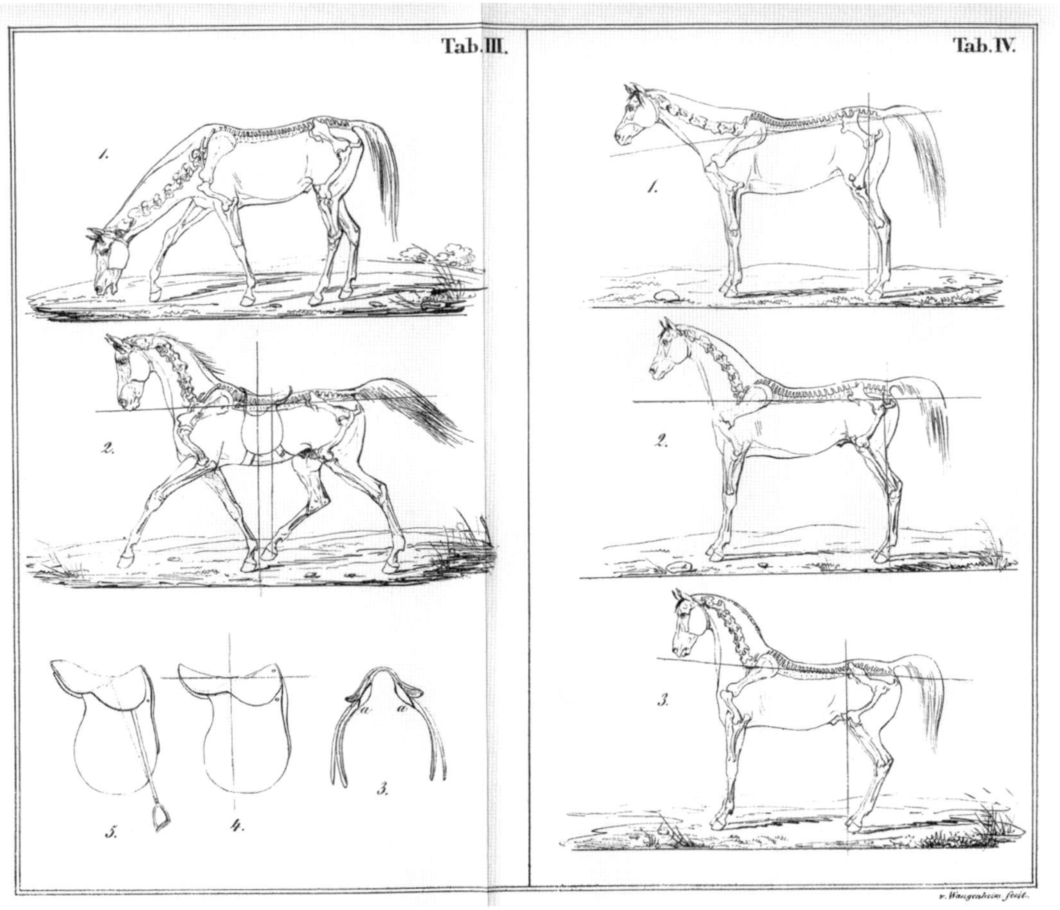

Quelle: E.F. Seidel „Die systematische Bearbeitung des Campagne – und Gebrauchspferdes“, Olms 1977,Tab.IV.

Damit aber nicht genug, auch bei einem schon gut ausgebildeten Pferd hat jede Veränderung der Kopf- und Halsposition eine unmittelbare Auswirkung auf die Rückentätigkeit und so entstehen unterschiedliche Rückenlinien bei ein und demselben Pferd.

Für mich stellt sich hier die Frage: Gibt ein Sattel mit festem Baum dem Pferdrücken den Raum zur Ausdehnung dieser Rückentätigkeit?

Klar für mich hingegen ist, der Fellsattel lässt diese Bewegungen zu, und passt sich darüber hinaus noch der Bewegung des Pferdes an.

Der Fellsattel verfügt zwar über einen Hinterzwiesel, dieser ist aber weder starr noch schwer.
Das Stattelende belastet den Pferderücken nicht.

Wir erinnern uns an die Ausführungen zur Wirbelsäule bei der Ponystute Fleur:
Die Wirbelsäule des Pferdes besteht aus 7 Hals-, 18 Brust-, 6 Lenden-, 5 Kreuz- und 18-21 Schweifwirbeln.
Für die Sattelauflage ist es sehr wichtig, dass die Sattelkissen nicht zu weit in die Lendenwirbelsäule reichen, da die Lendenwirbelsäule über Querfortsätze verfügt. Die Auflage eines Sattels in diesem Bereich schränkt die Rückenmuskulatur in seiner Bewegung ein. Der Rückenmuskel wird quasi eingequetscht zwischen dem Sattel und den Querfortsätzen der Lendenwirbelsäule.

Sieht man jetzt, wie weit die ausgebildete mittlere Kruppenmuskulatur werden kann, muss man sich schon die Frage stellen, ob unsere Ledersättel nicht oft zu lang sind. Auch für Pferde wie Rubinie, die keinen kurzen Rücken hat.

Die positive Entwicklung der Muskulatur

„Schon Xenophon sagt, daß durch die gute Ausbildung Pferde wohl schöner, niemals aber hässlicher werden können. Ich möchte diesem Satz noch hinzufügen, dass ein Häßlicherwerden des Pferdes im Laufe dieser und späterer Arbeit der eindeutige Beweis für falsch durchgeführte Dressurausbildung ist." Alois Podhajsky, „Die klassische Reitkunst", Kosmos/1998, S. 91

Zum Vergleich die Entwicklung von dem Pionierpferd Eadaoin, kurz Fonti.
Das Schönerwerden der Pferde ist selbstverständlich auch ein Anspruch an die „klassische Dressur im Fellsattel". Bei den von mir beschriebenen Fallbeispielen haben sich alle Pferde gut entwickelt - dies gilt sowohl für die allgemeine Rittigkeit, als auch für ihre körperliche Konstitution.

Dabei fiel mir ein weiterer Aspekt besonders auf. Die Pferde entwickelten neben einer guten Oberlinie auch eine bemerkenswert gut ausgeprägte Sattellage.

Fonti und Rubinie, zwei Pferde, die über eine sehr lange Zeit mit dem Fellsattel gearbeitet wurden. Ihre Sattellage entwickelte sich außerordentlich gut.

Ich möchte an dieser Stelle die beiden Pferde Fonti und Rubinie erneut herausgreifen, stellvertretend für alle anderen „Fellsattelpferde".
Sie erinnern sich, sowohl Fonti als auch Rubinie waren zu Beginn ihrer Ausbildung wenig bemuskelt. Beide Pferde besaßen darüber hinaus einen gut ausgeprägten Widerrist, gepaart mit einem optischen „Loch" im Bereich des Trapezmuskels. Mit voranschreitender Ausbildung veränderten sich diese Partien auffallend. Der Fellsattel begleitete die muskuläre Weiterentwicklung hierbei optimal. Bei meiner ersten Begegnung mit dem Fellsattel glaubte ich nicht, dass er als vollwertiger Reitsattel zu gebrauchen sei.
Ich stellte sehr schnell fest, dass ich meine anfängliche Skepsis beruhigt ablegen konnte, denn der Fellsattel eignet sich zur Ausbildung von Reitpferden. Egal, ob es sich nun um eine Remonte handelt oder um ein Reitpferd, das weiter gefördert werden soll, der Fellsattel ist da flexibel.

Leider gibt es immer noch zu viele Pferde, die mit unpassenden Sätteln geritten werden. Nicht nur, dass ein Pferd unter einem nicht passenden Sattel schlechter laufen kann, es können auch erhebliche, gesundheitliche Folgeerscheinungen auftreten. Ich kann an dieser Stelle nicht alle Krankheitsmuster erörtern. Aber zwei Ausprägungen möchte ich Ihnen nahebringen, da diese sehr häufig vom Reiter bzw. von dem Besitzer nicht ausreichend wahrgenommen werden. Die augenscheinlichsten sind Muskelrückbildungen im Bereich des Trapezmuskels und in der Sattellage.
Die am Trapezmuskel resultieren oft aus einer zu engen Sattelkammer oder Sätteln, die vorne und hinten aufliegen, mittig jedoch schweben. Dies ist zahlreich bei Pferden mit einem geschwungenen Rücken der Fall. Bei der Norwegerstute Laura hatten wir genau dieses Problem.

Pferde, die in der hinteren Sattellage eine Muskelatrophie aufzeigen, bekommen diese meist durch eine übermäßig starke Druckverteilung auf die hinteren Sattelkissen. Ursachen können hier vielschichtig sein. Der Sattel liegt nicht gleichmäßig auf oder der Schwerpunkt ist nach hinten verschoben - das Reitergewicht wirkt so auf den hinteren Teil des Sattels. Sehr modern sind Sättel, die über sogenannte Keilkissen verfügen - dabei ist zu bedenken, dass diese nicht für alle Pferde geeignet sind. Darüber hinaus spielt die Sattellänge eine große Rolle. Gerade im Freizeitbereich gibt es viele Pferde und Ponys, die einen sehr kurzen Rücken haben. Die herkömmlichen Standardsättel für ein normales Warmblutpferd sind da oft zu lang.

Sehr ärgerlich sind auch schlecht gepolsterte Sättel. So erging es einer guten Bekannten: Der Sattler ihres Vertrauens polsterte den kompletten Sattel mit alten Pferdehaaren und Filzstücken aus – das Ergebnis war in diesem Fall von außen gut sichtbar - denn von unten war der Sattel sehr wellig und unterschiedlich hart - so musste kein Pferd unter diesem Sattel leiden. Wir müssen immer ein wachsames Auge haben und öfter mal genauer hinschauen. Und ganz wichtig, hinterfragen Sie die Dinge, die Ihnen auffallen. Wie oft höre ich beispielsweise, dass der Sattel passen muss! Er wurde vor kurzem doch noch durch einen Sattler überprüft!

Wenn sich Pferde erst mal so wie auf den folgenden Bildern unter ihrem Baumsattel entwickelt haben, ist einiges versäumt worden und wir müssen umgehend handeln.

Ein bekanntes Bild. Dort, wo wir den Trapezmuskel vermuten, sehen wir lediglich ein „Loch"

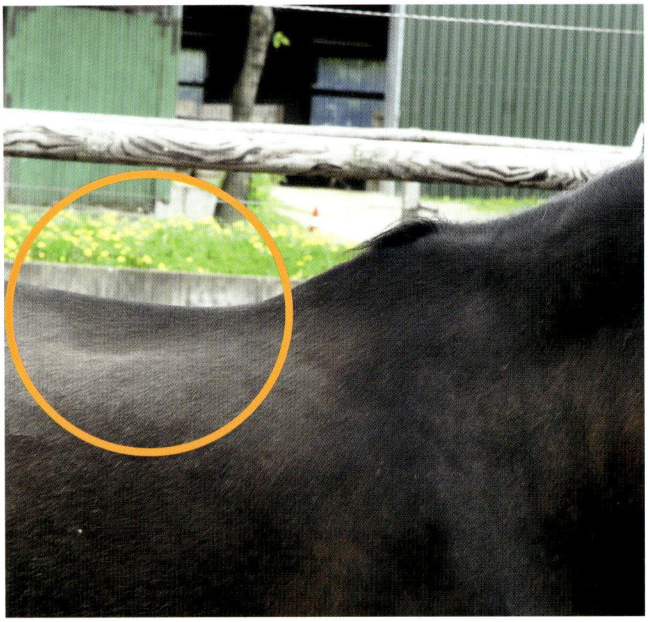

Solche und andere krankhaften Veränderungen konnte ich bei keinem Pferd feststellen, das mit einem Fellsattel gearbeitet wurde, und dies gilt auch für Pferde, die über einen längeren Zeitraum ausschließlich damit geritten worden sind.

Eine Muskelatrophie in der Sattellage, verursacht durch einen nicht passenden Sattel.

Keines der Pferde litt unter „fellsattelbedingten“ Muskelverspannungen und Rückenproblemen, noch ließen sich Muskelrückbildungen beobachten.
So kann ich aus eigener Erfahrung uneingeschränkt bestätigen, dass ein Pferd auch unter dem Fellsattel im klassischen Sinn aus- und weitergebildet werden kann.

Die Schulterfreiheit

Vergegenwärtigen wir uns weiter, dass die Vorderbeinaktion einen Einfluss auf die Schulter des Pferdes hat, so ist es doch nahe liegend, dass dieser auch den nötigen Platz zur Ausdehnung braucht.

Das können Sie mal selbst bei Ihrem Pferd ausprobieren. Das Vorderbein nach vorne raus anheben und schauen, was sich genau an der Stelle tut, an der das Kopfeisen gesattelt sonst aufliegt. Sie werden erkennen, dass sich das Schulterblatt in Richtung Widerrist bewegt, dort hin wo das Kopfeisen aufliegt. Im Übrigen können Sie so auch gut testen, ob ein Sattel über eine zu enge Sattelkammer verfügt. Legen sie Ihre flache Hand zwischen Pferd und den ungegurteten Sattel auf der Höhe des Kopfeisens. Sollte Ihre Hand einen Druck empfinden, kann dies ein Indiz für eine zu enge Kammerweite sein. Um da noch sicherer zu gehen, lassen Sie eine zweite Person das Vorderbein anheben und fühlen sie weiter, wenn das Pferd ein paar Schritte geht. Wenn der Druck sich dabei merklich erhöht, sobald das Vorderbein in der Luft ist, ist davon auszugehen, die Kammer ist zu eng.

Wenn wir wünschen, dass unser Pferd zur Losgelassenheit findet und dabei zwanglose und unverkrampfte Bewegungen zeigt, darf der Sattel nicht die Bewegungsfreiheit des Pferdes ungünstig beschränken.
Gerade die Schulterfreiheit des Pferdes ist in der klassischen Dressur ein zu erreichendes Ziel.

Kasten Schulterfreiheit:
„Von der Kraft der Hinterhand, nämlich von dem Grad ihrer Belastungsfähigkeit, hängt daher hauptsächlich auch der zu gewinnende Grad der Schulterfreiheit ab; je mehr hierdurch die Vorderbeine entlastet und die hebenden Muskeln in ihrer Tätigkeit unterstützt werden, um so leichter und erhabener wird ihre Bewegung sein.“

Gustav Steinbrecht „Gymnasium des Pferdes“, S.111

Vergleichen Sie einmal folgende Bilder meines Fuchswallachs Flambeau.
Es liegen keine drei Monate zwischen den Aufnahmen mit dem Ledersattel mit Baum und denen im Fellsattel. Es ist also unwahrscheinlich, dass sich seine Schulterfreiheit nur aufgrund des Trainings verbessert zu haben scheint.

Flambeau macht den Vergleich im Trab:

Glauben Sie mir, dass für mich der Unterschied noch deutlicher zu fühlen war, als es die Bilder ausdrücken können. Ein unbeschreibliches Gefühl der Energieentfaltung meines Pferdes.

Die Aufwölbung des Pferderückens

Die Forderung nach einem Aufwölben der Muskulatur muss durch den Sattel ermöglicht werden. Durch den Fellsattel ist der Rückenmuskel frei von Druck eines Sattelbaums.
Ich möchte Ihnen ein weiteres Beispiels meines Flambeau' s zeigen, und bitte Sie erneut, sich einmal genauer die Bewegungsabläufe anzuschauen. Mir gefällt mein Pferd sowohl unter dem Ledersattel mit festen Baum, als auch unter dem Fellsattel. Allerdings ist die Rückentätigkeit unter dem Fellsattel runder. Unter dem Sattel spannt er seine Rückenmuskulatur gegen die Sattelkissen, hingegen unter dem Fellsattel arbeitet die Rückenmuskulatur in einer gleichmäßigen An – und Abspannung. Unter dem Fellsattel findet in diesem Fall eine wirkliche Losgelassenheit statt.

Es entstehen keine Druckpunkte im Bereich der Lendenmuskulatur durch die Sattelkissen des Fellsattels, das könnte den Unterschied erklären.

Auch hier kann ich mich nur wiederholen.
Es fühlt sich schlichtweg besser an, wenn man die Bewegung in seiner ganzen Intensität spüren möchte.

Positiver Effekt für den Reiter

Aber nicht nur die Pferde, mit denen ich und meine Schüler gearbeitet haben, konnten eine positive Entwicklung für sich verbuchen, auch bei den Reitern hat sich etwas getan.

Im Fellsattel sitzt man sehr nahe am Pferd. Jede noch so kleine Bewegung nimmt der Reiter wahr.
So werden die Bewegungsimpulse des Pferdes sowohl auf unser Becken, als auch auf die Wirbelsäule direkt übertragen. Dieser Eigenschaft bedient sich auch das therapeutische Reiten. Der Patient erlebt durch den Körper des Pferdes, dass sich sein gesamter Bewegungsapparat neu einpendeln kann. Eine Wirkung, die beeindruckt. So gelingt es beispielsweise, dass halbseitig gelähmte Menschen ein Gefühl für ihre Körpermitte entwickeln können.
Eine Schülerin berichtete mir, dass sie seit Jahren unter Gleichgewichtsstörungen litt. Wenn sie zum Beispiel eine Treppe hoch ging, musste sie sich immer am Geländer festhalten. Natürlich machte sich dies auf dem Pferd bemerkbar. Zum Fellsattel kam sie durch ihr Pferd.
Sie ahnen es schon, der Ledersattel mit festem Baum passte nicht.
Eine Freundin hatte ihr ihren Fellsattel zu Probe geliehen. Meine Schülerin war begeistert. Sie legte sich ihren eigenen Fellsattel zu.

Das machte mich neugierig und ich sah mich beim therapeutischen Reiten um.
Die Erkenntnisse des therapeutischen Reitens liefern uns allen wertvolle Informationen.
Unsere Muskelspannung kann durch die Bewegung des Pferdes positiv beeinflusst werden. Erschlaffte Muskeln können sich durch die Bewegungsimpulse des Pferdes anspannen, spastische, also zu stark gespannte Muskulatur hingegen kann sich entspannen. Die Bewegung des Pferdes ist im Stande, unsere gesamte Haltung, vor allem die des Oberkörpers, zu stabilisieren und so das Balancegefühl zu verfeinern.
Das Beispiel meiner Schülerin mag veranschaulichen, dass, neben einer Lockerung und Entkrampfung der Muskulatur, auch das natürliche Gleichgewicht und die Koordinationsfähigkeit des Menschen angeregt und unterstützt werden können. Reiten vermag so Lebensfreude und Lebensmut zu vermitteln.

Der Umgang mit dem Pferd ist für viele Menschen mehr als nur eine sportliche Betätigung. Gerade der Bereich der Freizeitreiter erfreut sich über immer mehr Zulauf.
Der Freizeitreiter strebt selten nach sportlichen Erfolgen, er möchte eine Beziehung zu seinem Pferd aufbauen. Der Kindheitstraum wird wahr, wenn „Fury" von seiner Weide auf uns zugaloppiert kommt. Wir wünschen uns eine enge Beziehung zu unserem Vierbeiner. Das führt unweigerlich zu ganz anderen Problemen, als die Anwendung einer Technik. Beispielsweise der Handhabung einer richtigen Hilfenkombination zum Angaloppieren.

Durch das Pferd zur inneren Balance finden.

Wenn wir es zulassen, wirkt das Pferd immer als Ganzes auf uns ein, es berührt unseren Körper und es berührt unsere Seele.

So viel Nähe sind wir nicht immer gewohnt. Oft scheinen manche Reiter alles dafür zu tun, nicht fühlen zu müssen. Gut, wenn dann das Pferd einfach unter uns funktioniert und wir die Körpersprache des Pferdes nicht direkt wahrnehmen müssen. Das Pferd hat viele Möglichkeiten sein Unbehagen kund zu tun, lediglich Schmerzlaute kann es nicht äußern.
Der Fellsattel kann da das Schweigen unterbrechen, auf eine ganz feine und subtile Art.
Er verführt zum Fühlen lernen, wenn wir uns darauf einlassen möchten.
Oft habe ich erlebt, dass Reiter, die unabsichtlich grob agieren, sich das im Fellsattel gar nicht mehr trauen. Zum einen, weil sie unsicher sind, aber auch weil sie jede ausgeführte Aktion durch die Reaktion des Pferdes am eigen Leib spüren können. Die Empathiefähigkeit kommt oft unerwartet zum Vorschein.

Nicht jedem Reiter muss diese Form der Nähe gefallen.
Das Thema Distanz und Nähe könnte ein weiteres Buch des Piaff Verlages werden. An dieser Stelle mein persönliches Resümee.

Pferde müssen nicht mit einem Fellsattel geritten werden, aber sie können mit einem Fellsattel geritten werden.

Schlusswort

Nach wie vor reite ich Pferde auch in einem Ledersattel mit festem Baum, vorausgesetzt, dieser passt dem Pferd wirklich.
Ich möchte Sie nicht veranlassen, Ihren Ledersattel gänzlich zu verteufeln, aber gönnen Sie sich und Ihrem Pferd doch einmal hin und wieder ein anderes Bewegungsgefühl.

In diesem Sinne wünsche ich Ihnen eine schöne und harmonische Zeit mit Ihrem Pferd.

Und so wie Reinhild auf ihrer Gypsy - Spaß und Freude sind doch unser aller Ziel.

Literatur:

Albrecht, Kurt „Meilensteine auf dem Weg zur Hohen Schule", Olms / Hildesheim 2001

Grisone, Federigo „Künstlicher Bericht und erzierlichste Beschreybung" Olms / Hildesheim 1972

Gueriniѐre, Francois Robichon „Reitkunst" Olms / Hildesheim 1999

Pluvinel, Antoine „Neu-auffgerichte Reut-Kunst", Olms / Hildesheim 2000

Podhajsky, Alois „Die Klassische Reitkunst", Franck- Kosmos Verlags- GmbH & Co./ Stuttgart 1998

Reitvorschriften, vom 18.8.1937. H.Dv. 12, Mittler

Richtlinien für Reiten und Fahren „Grundausbildung für Reiter und Pferde", FN- Verlag / Warendorf 1994

Saint-Exupery, Antoine „Der kleine Prinz", Karl Rauch Verlag

Seidler, E.F. „Die Dressur diffiziler Pferde", Olms / Hildesheim 1990

Schirg, Bertold „Die Reitkunst im Spiegel ihrer Meister", Band I und II, Olms / Hildesheim 1992

Seunig, Waldemar „Meister der Reitkunst und ihre Wege", Verlag Paul Parey 1981

Steinbrecht, Gustav „Gymnasium des Pferdes", Dr. Rudolf Georgi/ Aachen 1995

Volkslexikon, Fackelverlag 1975, S.652

Xenophon „Über die Reitkunst - Der Reiteroberst" Verlag Paul Parey 1984

Zich, Alexandra „Calme, En Avant, Droit", Wu Wei Verlag 2007

Vorankündigung:

Alexandra Datko

Gelassen, Vorwärts, Gerade.

Das Buch über den Weg zur Reitkunst

Reiten nach klassischen Grundsätzen - das ist eine viel benutzte Formel, um eine Reitweise zu beschreiben, die eine pferdeschonende Ausbildung als ihr Hauptziel definiert. Es geht um einen Weg, der sich zurückbesinnen soll auf die Grundsätze der klassischen Reitlehre, basierend auf den Lehren der alten Meister.Gerade in unserer heutigen Zeit, wo anscheinend alte Traditionen in Vergessenheit zu geraten drohen, ist die Rückbesinnung auf klassische Werte wichtig - auch mit dem Ziel, ein Pferd pferdegerecht behandeln zu wollen. Aber was ist das Altbewährte, wo kommt es her, gibt es überhaupt eine reine Lehre der klassischen Reitkunst? Helfen uns die Lehren der alten Meister wirklich, die klassische Reitkunst als eine Einheit zu begreifen? Vielleicht liegt die Antwort ganz woanders. Der Weg zur Klassischen Reitkunst sollte ein Weg des Hinterfragens werden, um daraus Erkenntnisse zu gewinnen. Dabei stellt sich die Frage: gibt es eine Gewissheit richtig zu handeln, kann es da eine universelle Wahrheit geben?

Mir scheint es wichtiger denn je, dass wir uns dem Begriff der klassischen Lehren und damit der Pferdeausbildung neu nähern müssen. Ein Blick in die Geschichte wird zeigen, dass dieses Ziel nicht immer unmittelbar im Vordergrund stand. Gehen Sie zusammen mit mir in diesem Buch der Frage auf den Grund, was ist die klassische Lehre ist und was hinter dem Begriff klassische Reitkunst steckt.

„Wer die Wahrheit liebt, der muß schon sein Pferd am Zügel haben. Wer die Wahrheit denkt, der muß schon den Fuß im Bügel haben. Wer die Wahrheit spricht, der muß statt der Arme Flügel haben!"

Werner Böhm; Ross und Reiter; Olms 1996 / S. 75

Voraussichtlicher Erscheinungstermin: Sommer 2012